AF239377

Liebe Schüler*innen, liebe Eltern,

dieses Buch bietet Schüler*innen der Jahrgangsstufen 4 bis 6 eine Fülle von Übungsaufgaben, die insbesondere den Übergang von der Grundschulzeit zum Besuch einer weiterführenden Schule (Realschule, Gymnasium usw.) konstruktiv unterstützen.

Dabei versteht sich dieses Buch <u>nicht</u> als ein klassisches Lehrbuch, sondern vielmehr als ein Trainingscenter für den Fachbereich Mathematik, mit dem vielfältige Aufgaben trainiert werden können.

Wesentliches Ziel dieses Trainingsbuchs ist es, Schüler*innen die Möglichkeit zu geben, zu testen, ob und inwieweit sie wichtige Kernthemen aus dem Fachbereich Mathematik beherrschen, die vor allem für den oftmals herausfordernden Wechsel von einer Grundschule zu einer weiterführenden Schule von Bedeutung sind.

Dieses Buch eignet sich sowohl für Grundschüler*innen (vorzugsweise für die 4. Jahrgangsstufe), die einerseits wichtigen Lehrstoff der Grundschulmathematik im Rahmen einer Selbstkontrolle testen möchten, zugleich jedoch auch schon einen Ausblick auf relevante Themen der Unterstufe (5. und 6. Jahrgangsstufe einer weiterführenden Schule) wünschen; anderseits bietet dieses Trainingscenter für Schüler*innen der Unterstufe an weiterführenden Schulen die Möglichkeit, zu testen, ob bzw. inwieweit wichtige Kernthemen sicher angewendet werden können, die für eine erfolgreiche Teilnahme am Mathematikunterricht in nachfolgenden Klassenstufen von besonderer Bedeutung sein werden.

Mit Blick auf die langjährige Zusammenarbeit mit Schüler*innen der Klassenstufen 3 bis 10 zeigt sich immer wieder, wie sehr Kinder und Jugendliche davon profitieren, wichtigen Lehrstoff im Fachbereich Mathematik an der Schnittstelle zwischen der Grundschulzeit und dem

Besuch einer weiterführenden Schule systematisch trainieren zu können.

Oftmals ist zu beobachten, dass nicht wenige Schüler*innen mit lückenhaften Kenntnissen elementarer Mathematik in der Unterstufe weiterführender Schulen signifikante Probleme haben, die im weiteren Verlauf recht schnell dazu führen können, den Anschluss zu verlieren.

Von daher ist es ratsam, rechtzeitig dafür zu sorgen, offenkundige Defizite möglichst zeitnah zu beseitigen, damit der Mathematikunterricht für nicht wenige Schüler*innen spätestens mit dem Eintritt in die Mittelstufe nicht zu einem „Alptraum" wird.

Links zu begleitenden Lehrvideos, die wichtige Themen anschaulich erläutern, werden ebenfalls nachfolgend angeboten. Solche Lehrvideos für Schüler*innen sind vor allem dann ganz besonders hilfreich, wenn bestimmte Themen entweder noch nicht bekannt sein sollten, oder eine gezielte Auffrischung bereits gelernten Wissens gewünscht wird.

Die einzelnen Übungseinheiten (insgesamt 20) sind so gestaltet, dass zur Bearbeitung – je nach persönlichem Kenntnisstand – durchschnittlich etwa 30 – 90 Minuten benötigt werden.

Obwohl alle angebotenen Übungsaufgaben mit größter Sorgfalt überprüft wurden, kann nicht gänzlich ausgeschlossen werden, dass sich kleine Fehlerteufel eingeschlichen haben. Falls Du, liebe Schüler*in einen echten oder ggf. auch nur vermeintlichen „Fehler" entdecken solltest, danke ich Dir schon an dieser Stelle für einen möglichen Hinweis an folgende Emailadresse: Psychologische_Beratung_Boehme@gmx.de, sodass – sofern notwendig – eine entsprechende Korrektur bei einer Neuauflage berücksichtigt werden kann.

Und nun wünsche ich Dir viel Erfolg bei der Bearbeitung der vielfältigen Übungsaufgaben!

Trainingscenter Mathematik

für

Grundschule & Unterstufe

weiterführender Schulen

Geeignet für die Klassenstufen: 4 – 6

Aribert Böhme
Psychologische Beratung & Lerncoaching

Impressum

© Aribert Böhme

Alle Rechte liegen beim Autor

Düsseldorf, im Sommer 2025
E-Mail: Psychologische_Beratung_Boehme@gmx.de
Verlag: BoD · Books on Demand GmbH, Überseering 33,
22297 Hamburg, bod@bod.de
Druck: Libri Plureos GmbH, Friedensallee 273, 22763 Hamburg

ISBN: 978-3-7693-5091-3

Bibliografische Information der Deutschen Nationalbibliothek

**Die Deutsche Nationalbibliothek verzeichnet diese Publikation in der
Deutschen Nationalbibliografie; detaillierte bibliografische Daten sind im
Internet über http://dnb.d-nb.de abrufbar.**

MIX
Papier aus verantwortungsvollen Quellen
Paper from responsible sources
FSC® C105338

FSC
www.fsc.org

Der Autor:

Aribert Böhme, Freiberufler seit 1988, bietet Dienstleistungen in folgenden Bereichen:

- **Psychologische Beratung (Lernpsychologie, Familienpsychologie, Lebensberatung)**
- **Lerncoaching (Fernlehrgänge z. B.: SGD, ILS in den Fachbereichen Psychologische Beratung, Psychotherapie für Heilpraktiker usw.)**
- **Implementierung von Texten für Sachbücher in den Bereichen: Lernpsychologie, Psychologie, Pädagogik, EDV, Gesellschaft, Lebensweisheiten, IQ-Training für Kinder**
- **Coaching für Seniorinnen & Senioren (z. B. Gedächtnistraining)**

Im Rahmen seiner freiberuflichen Dozententätigkeit hat der Autor bis dato (2025) ca. 9000 TeilnehmerInnen im Fachbereich EDV bei diversen, namhaften Instituten unterrichtet. In seiner Funktion als Psychologischer Berater (SGD-Dipl.) bietet der Autor regelmäßig Klientensitzungen vor Ort für hilfesuchende Menschen in den Bereichen: Lebensberatung, Konfliktberatung, Familienpsychologie, Schulpsychologie sowie Lernpsychologie, an.

Bis dato (2025) hat der Autor 41 Titel im thematischen Umfeld von EDV, Lernpsychologie, Pädagogik, Gesellschaftskritik, Lebensweisheiten sowie drei Romane und ein Kinderbuch unter Pseudonym publiziert (inkl. einiger Auslandslizenzen für Frankreich, Polen und Russland). Zudem erfolgten Veröffentlichungen in namhaften Tageszeitungen (FAZ, Süddeutsche Zeitung, Rheinische Post usw.).

Seminare und Vorträge zu den Themen Motivationscoaching, Lernpsychologie, Lerntechniken, bietet der Autor sowohl als Firmenschulungen, wie auch als Privatseminare vor Ort an. Anfragen bitte grundsätzlich per E-Mail an:

Psychologische_Beratung_Boehme@gmx.de

Im Rahmen der Implementierung des vom Autor entwickelten NEURONET 2.0 im Umfeld der Neuroinformatik, mit dessen Hilfe Prognosen für Sportwetten erstellt werden können, erfolgte in den Jahren 2001 und 2002 eine ehrenvolle Aufnahme in die Who-is-Who-Lexika, Deutschland & Europa.

Düsseldorf, im Sommer 2025

Links zu hilfreichen Lehrvideos

01.   Das kgV (kleinste, gemeinsame Vielfache)

https://www.youtube.com/watch?v=tGDCF575v2o

02.   Der ggT (größte, gemeinsame Teiler)

https://www.youtube.com/watch?v=vCk1qe1FyDI

03.   Quadratzahlen

https://www.youtube.com/watch?v=Y_4w5HzU_ss

04.   Primzahlen

https://www.youtube.com/watch?v=rs7G5srTni4

05.   Quadrat: Umfang und Fläche berechnen

https://www.youtube.com/watch?v=wrNIhANQIUE

06.   Rechteck: Umfang und Fläche berechnen

https://www.youtube.com/watch?v=aWWf6E9-jmQ

07.   Würfel: Oberfläche und Volumen berechnen

https://www.youtube.com/watch?v=h6TZxluWfQ8

08.   Quader: Oberfläche berechnen

https://www.youtube.com/watch?v=G4AsydQwZPE

09.   Quader: Volumen berechnen

https://www.youtube.com/watch?v=yCORC007Ytc

10.   Maßeinheiten umrechnen (km, m, dm, m, cm, mm)

https://www.youtube.com/watch?v=-493P7bOZW4

11.   Schriftliche Division

https://www.youtube.com/watch?v=2A-9_-GCXrA

12.   Schriftliche Multiplikation

https://www.youtube.com/watch?v=MZQSGKKCioU

13.   Grundlagen der Bruchrechnung

https://www.youtube.com/watch?v=2MvyITxrU-g

14.   Zahlenmengen

https://www.youtube.com/watch?v=c3Tvoew31aU

15.   Logische Zahlenreihen (Muster erkennen)

https://www.youtube.com/watch?v=2tdxqb453qw

16.   Binärsystem / Dualsystem (Grundlagen)

https://www.youtube.com/watch?v=I3-cmqbVF0Y

1. Multipliziere das Dreifache des Quotienten, der sich aus dem Dividenden 36 und dem Divisor 12 ergibt, mit der Hälfte der Summe, die sich aus den Summanden 20 und 60 ergibt.

2. Subtrahiere vom Vierfachen des Produktes, das sich aus den Faktoren 13 und 5 ergibt, die Hälfte der Summe, die sich aus den Summanden 70 und 90 ergibt.

3. Addiere zur Hälfte der Summe, die sich aus den Summanden 350 und 650 ergibt, das Produkt, das sich aus den Faktoren 7 und 9 ergibt, und subtrahiere anschließend den Quotienten, der sich aus dem Dividenden 81 und dem Divisor 9 ergibt.

4. Multipliziere die Summe, die sich aus den Summanden 25 und 12 ergibt, mit dem Doppelten des Produktes, das sich aus den Faktoren 3 und 5 ergibt. Subtrahiere abschließend die Zahl, die um 10 größer ist als die kleinste, dreistellige Zahl.

5. Subtrahiere von der größten, vierstelligen Zahl das Produkt, das sich aus den Faktoren 26 und 8 ergibt. Addiere dann das Produkt der Faktoren 3 und 3.

6. <u>Berechne:</u> Wie oft muss die Zahl 4 verdoppelt werden, damit die um 24 größere Zahl als die kleinste, vierstellige Zahl herauskommt?

7. Im Mathematikunterricht hast Du gelernt, dass Zahlen grundsätzlich niemals durch Null dividiert werden dürfen. Erkläre mit eigenen Worten möglichst genau (gern anhand eines selbstgewählten Beispiels), warum grundsätzlich nicht durch Null dividiert werden darf?

8. Wie lautet die Zahl, die um 61 kleiner ist, als das Produkt, das sich aus der Multiplikation der Zahl 19 mit sich selbst ergibt?

Übungseinheit 02

Die folgenden Aufgaben werden Dir dabei helfen Dein mathematisches Gefühl für Zahlenstrukturen zu verbessern.

In den folgenden Zahlenreihen verstecken sich jeweils verschiedene Grundrechenarten, die Du grundsätzlich alle schon kennst.

Deine Aufgabe besteht nun darin, herauszufinden, nach welchem Rechenmuster die jeweiligen Zahlenreihen aufgebaut sind, sodass Du die jeweils fehlende Zahl eindeutig ermitteln kannst.

Wichtiger Hinweis:

Es reicht <u>nicht</u>, dass Du womöglich nur eine mögliche Lösungszahl aufschreibst! Vielmehr geht es darum, dass Du zunächst erkennst, welche sich wiederholenden Rechenoperationen sich in den Zahlenreihen versteckt haben, sodass zweifelsfrei erkennbar sein muss, wie Du zu der jeweils gefundenen Lösungszahl gekommen bist. Konkret bedeutet das, dass Du bitte die klar erkennbaren Rechenoperationen sorgfältig notierst.

Beispiel:

Angenommen, die Zahlenreihe lautet: 1 – 4 – 8 – 11 – 22 – 25 - ?

Hier wäre das zu findende Berechnungsmuster das Folgende:

Im regelmäßigen Wechsel: +3   *2   +3   *2 usw.

Somit lautet der letzte Rechenschritt: 25 * 2 = **50 (Lösungszahl)**

a) 4 – 8 – 12 – 16 – 20 - ?

b) 7 – 21 – 63 – 189 – 567 - ?

c) 2048 – 1024 – 512 – 256 – 128 -?

d) 800 – 770 – 740 – 710 – 680 - ?

e) 1 – 3 – 9 – 11 – 33 - ?

f) 1 – 5 – 25 – 29 – 145 - ?

g) 6 – 18 – 13 – 39 – 34 - ?

h) 4 – 6 – 18 – 16 – 18 – 54 - ?

i) 5 – 15 – 11 – 22 – 66 – 62 - ?

j) 9 – 10 – 99 – 100 – 999 - ?

1. Multipliziere das Dreifache des Quotienten, das sich aus dem Dividenden 256 und dem Divisor 16 ergibt mit dem Doppelten der Differenz, die sich aus der Berechnung 299 – 15 ergibt.

2. Vervierfache zunächst das Produkt, das sich aus den Faktoren 12 und 8 ergibt, und subtrahiere anschließend den Quotienten, der sich aus dem Dividenden 72 und dem Divisor 8 ergibt.

3. Multipliziere die zweitkleinste dreistellige Zahl mit dem Doppelten der drittgrößten dreistelligen Zahl. Subtrahiere anschließend die Hälfte des Produktes, das sich aus den Faktoren 20 und 30 ergibt.

4. Verdopple zunächst die zweitkleinste, ungerade, zweistellige Zahl insgesamt vier Mal. Subtrahiere anschließend die Hälfte der kleinsten, dreistelligen Zahl. Dividiere dann schließlich durch die kleinste, einstellige, gerade Zahl.

5. <u>Berechne</u> folgende Aufgaben mittels schriftlicher Multiplikation:

a) 367 * 298   b) 409 * 288   c) 849 * 377

d) 266 * 444   e) 909 * 808   f) 277 * 333

g) 809 * 809   h) 199 * 299   i) 555 * 666

j) 108 * 909   k) 267 * 267   l) 444 * 229

6. <u>Berechne</u> folgende Aufgaben mittels schriftlicher Division:

a) 2088 : 36   b) 3795 : 69   c) 2816 : 88

d)   931 : 49   e) 1624 : 29   f) 3042 : 78

g) 1102 : 58   h) 2178 : 99   i) 3249 : 57

j) 1904 : 28   k) 2262 : 87   l)   240 : 15

1. Fülle die Lücken bei den folgenden Rechenaufgaben mit den jeweils korrekten Zahlen, sodass sich korrekte Ergebnisse ergeben:

   a) $487 + \underline{} = 1217$ b) $603 + \underline{} = 958$

   c) $439 + \underline{} = 777$ d) $588 + \underline{} = 703$

   e) $209 + \underline{} = 477$ f) $655 + \underline{} = 816$

   g) $31266 + \underline{} = 45877$ h) $64536 + \underline{} = 81098$

   i) $29991 + \underline{} = 30303$ j) $87622 + \underline{} = 91922$

   k) $876 - \underline{} = 267$ l) $755 - \underline{} = 409$

   m) $965 - \underline{} = 288$ n) $409 - \underline{} = 277$

   o) $13 * \underline{} = 169$ p) $16 * \underline{} = 256$

   q) $19 * \underline{} = 361$ r) $12 * \underline{} = 144$

   s) $1024 : \underline{} = 256$ t) $8192 : \underline{} = 256$

   u) $32768 : \underline{} = 64$ v) $8760 : \underline{} = 365$

2. Paula sagt: „Wenn ich meine ausgedachte Zahl mit dem Quotienten aus der Rechnung (196 : 14) multipliziere, und anschließend die Differenz der Rechnung (100 – 88) subtrahiere, dann erhalte ich das Zehnfache der kleinsten, zweistelligen Zahl."

   Frage: Welche Zahl hat sich Paula ausgedacht?

3. Hendrik sagt: „Meine ausgedachte Zahl ist um das Dreifache größer als die Hälfte der Differenz, die sich aus der Berechnung (2500 – 2460) ergibt."

    Frage: Welche Zahl hat sich Hendrik ausgedacht?

4. Am Beispiel des Logikspiels „Superhirn" kannst Du lernen, wie sich die Anzahl der Kombinationsmöglichkeiten bei einer unterschiedlichen Anzahl von Farben bzw. Löchern berechnen lässt.

    Frage: Wie viele Kombinationsmöglichkeiten gibt es, wenn 6 Farben und 4 Löcher gegeben sind?

5. Stelle zunächst fest, welches Rechenprinzip in der jeweiligen Zahlenreihe enthalten ist, und ermittle dann auf dieser Grundlage, welche Zahl anstelle des Fragezeichens eingesetzt werden muss:

    a) $5 - 18 - 54 - 67 - 201 - 214 - ?$

    b) $8 - 32 - 23 - 92 - 83 - ?$

    c) $1 - 8 - 56 - 54 - 61 - 427 - ?$

    d) $1 - 13 - 32 - 27 - 39 - 40 - ?$

    e) $4 - 8 - 40 - 43 - 86 - 430 - ?$

    f) $32768 - 16384 - 8192 - 4096 - 2048 - ?$

6. Samantha geht für ihre Mutter im Supermarkt einkaufen. Sie bekommt insgesamt folgenden Geldbetrag mit, den sie zum Bezahlen verwenden soll:

1 Schein zu 20 €,   2 Scheine zu je 10 €,   2 Scheine zu je 5 €

Samantha kauft folgende Lebensmittel:

1 Brot zu 3,99 €, 2 Tüten Milch zu je 1,29 €, 1 kg Äpfel zu 4,99 €

2 Pakete Nudeln zu je 1,59 €, 3 Tafeln Schokolade zu je 0,99 €

Berechne:

a) Wie viel kostet der gesamte Einkauf?

b) Wie viel Rückgeld bekommt Samantha an der Kasse?

c) Falls Samantha vom Restgeld 5 € als Taschengeld behalten darf, wie viel Rückgeld muss sie dann der Mutter noch zurückgeben?

7. Franziska und Toni fahren zu unterschiedlichen Zeiten mit unterschiedlichen Geschwindigkeiten mit ihren Fahrrädern vom gleichen Startpunkt aus los zu einem Ziel, das genau 10 Kilometer vom Startpunkt aus entfernt liegt. Franziska startet um 9:00 Uhr, und fährt konstant mit einer Geschwindigkeit vom 12 km/h (12 Kilometer pro Stunde). Toni startet erst um 9:05 Uhr, fährt jedoch mit einer konstanten Geschwindigkeit von 15 km/h (15 Kilometer pro Stunde).

<u>Berechne:</u>

a)   Wann genau kommt Franziska am 10 km entfernten Ziel an?

b)   Wann genau kommt Toni am 10 km entfernten Ziel an?

Übungseinheit 05

Achte bitte unbedingt darauf, dass Du jeweils auch die Rechenwege sorgfältig und vollständig aufschreibst, damit klar nachvollziehbar sein wird, wie Du zu den jeweiligen Ergebnissen gekommen bist.

1. Die Entfernung zwischen unserer Erde und unserem Mond beträgt im Mittel 384.400 km.

   Frage: Angenommen, Du fährst mit Deinem Fahrrad mit einer durchschnittlichen Geschwindigkeit von 15 km/h (also 15 km pro Stunde). Nehmen wir weiterhin an, dass Du an jedem Tag drei Stunden mit Deinem Fahrrad unterwegs sein könntest. Wie viele Tage (gerundet auf volle Tage) müsstest Du dann mit Deinem Fahrrad fahren, um die gesamte Entfernung zwischen der Erde und dem Erdmond zurücklegen zu können? Rechne zudem aus, wie viele Jahre (gerundet auf volle Jahre) das dann wären?

2. Der Erdumfang beträgt ca. 40.000 km. Der Umfang des kleinsten Planeten in unserem Sonnensystem (Merkur) beträgt 15329 km. Der Durchmesser unserer Erde beträgt 12742 km.

   Berechne: a) Um wie viele km größer ist der Erdumfang gegenüber dem Umfang des Merkur?

   b) Wie groß ist der Durchmesser des Merkur, der um 7863 km kleiner ist, als der Erddurchmesser?

3. Berechne folgende Größen:

    a) Wie groß ist der Umfang der Venus, der um 1975 km kleiner ist, als der Erdumfang?

    b) Der Durchmesser vom Mars ist um 10842 km kleiner, als der Durchmesser von Erde und Merkur zusammen?

    c) Wie groß ist der Umfang des Mars, der um 6015 km größer ist, als der Umfang des Merkur?

4. Angenommen, ein Fußgänger schafft pro Stunde eine Strecke von 5 km. Nehmen wir zudem an, dass dieser Fußgänger pro Tag acht Stunden unterwegs sein könnte.

    Frage: Wie viele Monate müsste dieser Fußgänger dann gehen, um die Erde einmal umrunden zu können? (Die Monate werden mit durchschnittlich 30 Tagen berechnet).

5. Hannah sagt: Wenn ich vom Doppelten der größten, zweistelligen, geraden Zahl die Hälfte des Quotienten subtrahiere, der sich aus dem Dividenden 64 und dem Divisor 8 ergibt, dann ergibt sich eine Zahl, die um 8 kleiner ist, als die Zahl, die ich mir ausgedacht habe

    Frage: Welche Zahl hat sich Hannah ausgedacht?

6. Welche Summe ergibt sich, wenn Du zunächst alle Quadratzahlen von 1 bis 20 berechnest, und diese dann addierst?

1.   Ermittle zunächst das jeweilige Rechenprinzip, das in der

      betreffenden Zahlenreihe enthalten ist, und berechne dann, wie die

      Lösungszahl anstelle des Fragezeichens lautet?

a) $2 - 6 - 3 - 12 - 36 - 33 - ?$

b) $9 - 18 - 117 - 1116 - ?$

c) $1 - 4 - 28 - 23 - 92 - 644 - ?$

d) $65536 - 32768 - 16384 - 8192 - ?$

e) $4 - 12 - 7 - 13 - 39 - 34 - ?$

f) $1 - 9 - 25 - 49 - 81 - ?$

g) $24 - 54 - 84 - 114 - 144 - ?$

2.   Multipliziere den Quotienten, der sich aus dem Dividenden 144 und

      dem Divisor 12 ergibt mit dem Produkt der Faktoren 8 und 15. Wie

      lautet das Ergebnis?

3.   Subtrahiere das Vierfache des Doppelten der drittgrößten,

      dreistelligen Zahl von der kleinsten, ungeraden, sechsstelligen Zahl.

      Wie lautet das Ergebnis?

4. Welche Summe ergibt sich, wenn Du sämtliche Summanden aller Zahlen von 1 bis 100 addierst, die nach folgendem Muster gebildet werden: (1+100) + (2+99) + (3+98) usw.

Denksportaufgabe: Wie könntest Du das Endergebnis sehr viel schneller herausfinden, wenn Du nicht erst alle Teilsummen addierst (wie hier in dem obigen Beispiel), sondern indem Du einen intelligenten Rechentrick anwendest, der das Endergebnis deutlich schneller ermitteln lässt?

5. Berechne, bei welcher Version des intelligenten Spiels „SUPERHIRN" es die meisten Kombinationsmöglichkeiten gibt. Schreib' bitte für alle Varianten die konkreten Zahlen auf, und erkläre, wie Du auf die jeweilige Lösung gekommen bist?

Variante A: 4 Löcher und 7 Farben
Variante B: 5 Löcher und 5 Farben
Variante C: 3 Löcher und 9 Farben
Variante D: 6 Löcher und 5 Farben

1.   Lena möchte für ein neues Fahrrad sparen, das (ohne Zubehör) 499 €
kostet. Das neue Fahrrad soll zudem mit folgendem Zubehör
ausgestattet werden: Fahrradcomputer (39 €), Getränkeflasche
(13 €), Blinkeranlage (49 €). In Ihrer Spardose hat Lena 125 €.
Lenas Eltern schenken ihr 75 €, die sie auch für den Kauf des neuen
Fahrrads (inkl. Zubehör) verwenden darf. Den verbleibenden Rest
möchte sich Lena durch Zeitungsaustragen selbst verdienen. Dafür
bekommt sie pro Woche 25 € Lohn.

<u>Berechne:</u>   a)   Wie hoch ist der Gesamtpreis?

               b)   Wie viele Wochen muss Lena Zeitungen austragen,
um den fehlenden Betrag anzusammeln?

               c)   Wie hoch müsste der wöchentliche Lohn sein, wenn
Lena den fehlenden Restbetrag in nur zehn Wochen
erarbeiten möchte?

2.   In einem Parkhaus mit insgesamt sechs Parketagen, auf der jeweils
80 Parkplätze vorhanden sind, werden folgende PKW geparkt:
In der 1. Etage: 25 PKW
In der 2. Etage: 12 PKW mehr als in der 1. Etage

In der 3. Etage: Doppelt so viele PKW, wie in der 1. und 2. Etage zusammen

In der 4. Etage: Halb so viele PKW wie in der 5. Etage

In der 5. Etage: 14 PKW

In der 6. Etage: Dreimal so viele PKW, wie in der 5. Etage

Berechne:

a) Wie viele PKW könnten insgesamt in dem Parkhaus geparkt werden?

b) Wie viele PKW befinden sich aktuell im Parkhaus?

c) Falls nun in der 5. Etage drei PKW aus dem Parkhaus herausfahren, wie viele freie Parkplätze gibt es dann noch in diesem Parkhaus?

d) Angenommen, die Gesamtkapazität dieses Parkhauses soll auf 600 Parkplätze erweitert werden. Frage: Wie viele Parkplätze müssten dann auf jeder Etage hinzukommen (bei gleichmäßiger Verteilung), damit insgesamt 600 Parkplätze zur Verfügung stehen?

3. Erik entdeckt in einem Lexikon folgende Angaben für die Höhe folgender Gebäude:

a) Düsseldorfer Fernsehturm : 240 m

b) ARAG-Haus, Düsseldorf : 125 m

c)	Kölner Dom	:	157 m
d)	Eiffel-Turm in Paris	:	312 m
e)	Burj Khalifa, Dubai	:	828 m
f)	Commerzbank Tower, Frankfurt	:	259 m

<u>Berechne:</u>

a) Um wie viele Meter höher ist der Düsseldorfer Fernsehturm, als der Kölner Dom?

b) Welches Gebäude ist um 172 m kleiner, als die Länge von 1 km?

c) Wie hoch sind das ARAG-Haus und der Eiffel-Turm zusammen?

d) Welcher Höhenunterschied ist größer:

d1) Commerzbank Tower und Kölner Dom

d2) Düsseldorfer Fernsehturm und Eiffel-Turm

e) Was ist höher?

e1) Der Burj Khalifa (allein)

e2) Düsseldorfer Fernsehturm, ARAG-Haus, Kölner Dom, Eiffel-Turm, Commerzbank Tower (alle zusammen)

f) Wie viele Burj Khalifa (derzeit das höchste Haus der Erde) müsste man stapeln, um den Erdumfang (ca. 40.000 km) abzudecken?

Hinweis: Runde bitte auf volle Tausend.

4.	Fritz möchte seine Mutter besuchen, die in einem 30-stöckigen Hochhaus in der 22. Etage arbeitet. Er steigt im Erdgeschoss in den Aufzug. Zunächst fährt er siebzehn Etagen nach oben. Anschließend geht es drei Etagen abwärts. Dann fährt der Aufzug fünf Etagen abwärts, weil Fritz vergessen hatte, direkt auf den Knopf für die 22. Etage zu drücken.

Frage: Wie viele Etagen muss Fritz jetzt noch nach oben fahren, damit er genau in der 22. Etage aussteigen kann?

5.	Überlege:

a) Wenn vor drei Tagen Samstag war, welcher Tag ist dann zwei Tage nach morgen?

b) Wenn übermorgen Freitag ist, welcher Tag war dann vorgestern?

c) Welcher Tag wird morgen sein, wenn vor vier Tagen ein Tag nach Sonntag war?

d) Wenn in zwei Tagen drei Tage nach Dienstag ist, welcher Tag war dann gestern?

e) Wenn vor fünf Tagen Mittwoch war, welcher Tag wird dann übermorgen sein?

6.   Berechne:

a)   Wie viele Sekunden hat eine Stunde?

b)   Wie viele Minuten hat ein Tag?

c)   Wie viele Stunden hat ein Jahr (365 Tage)?

d)   Wie viele Minuten hat eine Woche?

e)   Wie viele Sekunden hat der Monat Mai?

f)   Wie viele Stunden hat ein Mensch gelebt, der 10 Jahre alt ist, wenn man davon ausgeht, dass es innerhalb dieser zehn Jahre zwei Schaltjahre mit jeweils 366 Tagen gab?

Übungseinheit 08

1. Bitte beantworte folgenden Fragen zum Thema „Zahlensysteme"
    schriftlich, indem Du jeweils vollständige Sätze formulierst, aus
    denen klar hervorgeht, was gemeint ist:

    a)   Wie viele verschiedene Ziffern werden im Zehnersystem
         (Dezimalsystem) verwendet?

    b)   Warum entspricht die Anzahl der möglichen Einzelziffern im
         Zehnersystem nicht der höchstmöglichen Einzelziffer?

    c)   Wie viele Ziffern werden im Binärsystem (Dualsystem)
         verwendet, und was genau ist die entscheidende Ursache
         dafür?

    d)   Wie lauten die zugehörigen Dualzahlen zu folgenden
         Dezimalzahlen?

         84   77   122   190   55   255

2. Löse folgende Logikaufgaben:

    a)   Vor zwei Tagen war Dienstag. Welcher Tag ist dann
         übermorgen?

    b)   In zwei Tagen wird Freitag sein. Welcher Tag ist dann vier
         Tage nach vorgestern?

c) Vor fünf Tagen war zwei Tage nach Sonntag. Welcher Tag ist dann morgen?

d) Wenn vorgestern Mittwoch war, welcher Tag ist dann zwei Tage nach übermorgen?

e) Welcher Wochentag wird zwei Tage nach übermorgen sein, wenn gestern Montag war?

3. Entscheide, welche der folgenden Aussagen wahr oder falsch sind?

a) Ein Quadrat hat vier gleich lange Kanten.

b) Jedes Viereck ist zugleich ein Quadrat.

c) Die Kanten bei einem Quadrat werden mit dem Buchstaben „a" bezeichnet.

d) Ein Rechteck hat jeweils gegenüberliegende Seiten, die gleich lang sind.

e) Der Abstand vom Kreismittelpunkt zu jedem beliebigen Punkt auf dem Kreisrand ist gleich lang.

f) Die Anzahl der Ecken in einem Quadrat und einem Rechteck ist grundsätzlich gleich.

g) Der Umfang eines Quadrates ergibt sich aus dem Vierfachen einer Kantenlänge „a".

h) Die Fläche eines Rechtecks ergibt sich aus der Multiplikation der Kantenlänge „a" und der Kantenlänge „b".

i) Ein Quadrat mit einer Kantenlänge „a" hat eine Fläche, die sich aus der Multiplikation von „a" mal „a" ergibt.

j) Die beiden kurzen Kantenlängen „b" bei einem Rechteck sind grundsätzlich halb so lang wie die längeren Kanten „a".

k) Ein Rechteck, dessen Kantenlänge „a" gleich 5 cm ist, hat einen Umfang von 16 cm. Demnach beträgt die Kantenlänge „b" 2 cm.

4. Bearbeite folgende Textaufgaben, und achte bitte unbedingt darauf, dass Du alle wichtigen Rechenschritte vollständig und klar nachvollziehbar aufschreibst:

Melanie bekommt von ihrer Mutter folgenden Einkaufszettel:
1 Brot, 2 Tüten Milch, 1 Sack Kartoffeln, 2 Flaschen Wasser, 1 kg Äpfel, 1 Tüte Zucker, 2 Stück Butter.
Für den Einkauf gibt ihr die Mutter einen 50 €-Schein mit.
Die Preise im Supermarkt lauten:

1 Brot	:	3,95 €
1 Tüte Milch	:	1,25 €
1 Sack Kartoffeln	:	4,99 €
1 Flasche Wasser	:	0,99 €
1 kg Äpfel	:	2,99 €
1 Tüte Zucker	:	1,59 €
1 Stück Butter	:	2,19 €

Berechne:

a1)   Die Gesamtkosten für diesen Einkauf.

a2)   Das Rückgeld, das Melanie an der Kasse erhält.

5.   Sandra möchte für ein neues Fahrrad sparen, das sie sich schon seit langer Zeit sehnlichst wünscht. Der Kaufpreis beträgt 950 €. In ihrem Sparschwein hat Sandra bereits 350 € gesammelt. Von ihren Großeltern bekommt sie 150 € geschenkt. Den fehlenden Restbetrag möchte Sandra verdienen, indem Sie sich etwas Taschengeld durch Babysitten erwirtschaftet. Für jede Stunde Babysitten erhält Sandra neun Euro. Berechne: Wie viele Stunden muss Sandra Babysitten, damit sie den noch fehlenden Restbetrag zum Kauf des Fahrrads angespart haben wird?

6.   Löse folgende Zahlenrätsel:

a)   Welche ganzzahlige Zahl muss man mit dem Vierfachen der Zahl 7 multiplizieren, um das Doppelte von 56 zu erhalten?

b)   Welche Zahl ergibt sich, wenn man das Dreifache der kleinsten zweistelligen Zahl vom Doppelten der größten dreistelligen Zahl subtrahiert?

c) Melanie sagt: „Die Zahl, die ich mir ausgedacht habe, ergibt sich aus folgender Berechnung: Ich multipliziere das Vierfache des Quotienten aus (1024 / 16) mit der Differenz aus (96 – 84). Zum Schluss addiere ich noch 261." Wie heißt die Zahl, die Melanie sich ausgedacht hat?

d) Fred sagt: Wenn ich meine ausgedachte Zahl mit dem Doppelten der größten, zweistelligen Zahl multipliziere, dann ergibt sich eine Zahl, die um 1148 größer ist als das Doppelte der Zahl 2000. Welche Zahl hat sich Fred ausgedacht?

7. Wie lauten die Quadratzahlen zu folgenden Ausgangszahlen?

11   19   14   12   16   20   18   15   13   17

1. Tom's Mutter, die zwei Jahre jünger ist als Tom's Vater, der 46 Jahre alt ist, ist viermal so alt wie Tom. Wenn man das Alter von Tom's Schwester, Mara, mit 5 multipliziert, und noch 6 addiert, dann ergibt sich das gleiche Alter wie von Tom's Vater.

   Frage: Wie alt ist Tom?   Frage: Wie alt ist Mara?

2. Wie alt sind die Kinder Fred, Sahra, Melanie?

   Melanie ist zwei Jahre älter als Pascal, der sieben Jahre alt ist.

   Fred ist drei Jahre älter als Melanie. Sahra ist doppelt so alt wie Pascal plus ein Jahr.

3. Knobelaufgabe:

   In einem Restaurant gibt es verschiedene Menues:

   Menue A, Menue B, Menue C

   Es gelten folgende Preise:

   3 Menues A kosten 30 €

   1 Menue A + 2 Menues B kosten 20 €

   1 Menue B + 2 Menues C kosten 9 €

   <u>Berechne:</u>   Welcher Preis gilt dann, wenn folgende Gleichung vorgegeben ist:

   1 Menue B + 1 Menue C * 1 Menue A = ?

4. Samantha sagt: Die Zahl, die ich mir ausgedacht habe, ist um das Vierfache größer als der Quotient, der sich aus dem Dividenden 80 und dem Divisor 5 ergibt. Welche Zahl hat sich Samantha ausgedacht?

5. Welche Zahl ergibt sich, wenn man das Produkt der größten, einstelligen Zahl und der zweitgrößten, ungeraden, zweistelligen Zahl bildet, und dieses Produkt dann um den Wert des Produktes der Faktoren 3 und 9 erhöht?

6. a) Wenn vorgestern Samstag war, welcher Tag wird dann drei Tage nach übermorgen sein?

    b) Wenn in vier Tagen Sonntag sein wird, welcher Tag war dann zwei Tage vor gestern?

    c) Wenn einen Tag nach übermorgen Donnerstag sein wird, welcher Tag war dann vorgestern?

    d) Wenn in fünf Tagen zwei Tage vor Sonntag sein wird, welcher Tag ist dann heute?

    e) Wenn drei Tage nach übermorgen Samstag sein wird, welcher Tag war dann vorgestern?

1. Hier werden Deine Fähigkeiten im Kopfrechnen getestet. Zur
    Bearbeitung dieser Aufgaben sind keinerlei zusätzliche Hilfsmittel
    (Papier, Bleistift, Taschenrechner usw.) erlaubt. Einzig Deinen Kopf
    darfst Du zur Lösung der folgenden Aufgaben verwenden.

$11 + 14 + 23 = ?$

$111 - 32 + 16 = ?$

$38 * 2 * 3 = ?$

$1024 / 128 = ?$

$(13 * 7 + 9) - 4 = ?$

$(215 + 22 * 4) * 2 = ?$

$1399 - 555 + 44 = ?$

$(31 + 22 * 3) - (49 / 7) = ?$

$8 + 88 + 888 + 8888 = ?$

$604 - (18 * 18) - 101 = ?$

2. In dieser Rubrik geht es darum herauszufinden, welche
    Rechenzeichen (+ - * /) jeweils anstelle der Fragezeichen (?) in
    eine Aufgabe eingesetzt werden müssen, sodass das
    vorgegebene Ergebnis korrekt ist.

Legende: ?   Ist der Platzhalter für das erste Operationszeichen

             ??   Ist der Platzhalter für das zweite Operationszeichen

             ???   Ist der Platzhalter für das dritte Operationszeichen

             ???? Ist der Platzhalter für das vierte Operationszeichen

Beispiel: 49 ? 35 = 84

Lösung: Hier müsste das Additionszeichen (+) anstelle des Fragezeichens eingesetzt werden, sodass die vorgegebene Lösung stimmt.

29 ? 4 = 116

124 ? 39 = 85

2 ? 5 ?? 7 = 17

(21 ? 3) ?? 93 = 100

444 ? 222 ?? 111 ??? 333 = 444

(13 ? 5 ?? 15) ??? (8 ???? 9) = 8

7 ? 77 ?? 777 ??? 7777 ???? 638 = 8000

(2220 ? 2) ?? (1 ??? 1 ???? 1) = 3330

(9500 ? 2300 ?? 1150 ??? 650) ???? 2 = 325

3. a) Erkläre mit eigenen Worten, was genau eine Primzahl ist?

    b) Schreib' (beginnend bei der kleinsten) alle Primzahlen der Reihe nach auf, die es im Bereich von 0 bis 100 gibt.

4. Bearbeite folgende Aufgaben aus dem Teilbereich „Schriftliches Multiplizieren":

    a) 4762 * 109   b) 3777 * 248   c) 2084 * 377
    d) 5050 * 345   e) 6396 * 888   f) 1449 * 254

5. Welche Zahl ergibt sich, wenn Du folgende Berechnung durchführst? Addiere zunächst alle ungeraden Quadratzahlen im Bereich zwischen 10 und 20. Multipliziere dann die zuvor berechnete Summe mit der Summe, die sich ergibt, wenn Du alle Primzahlen im Bereich zwischen 40 und 50 berücksichtigst.

6. Welche Zahl ergibt sich, wenn Du das Produkt der zwei größten Primzahlen unterhalb der Zahl 100 mit der Summe aller Primzahlen zwischen 30 und 40 bildest?

7. Erkläre mit eigenen Worten anhand eines konkreten Beispiels, was die mathematische Regel „Punkt vor Strichrechnung" konkret bedeutet?

1.   Finde heraus, welche Rechenoperationen bei den folgenden
        Zahlenreihen verwendet werden, sodass Du die jeweils gesuchte
        Zahl (?) durch logisches Denken herausfinden kannst.
        Kleiner Tipp: Bedenke, dass es bei den folgenden Zahlenreihen nicht
        nur darum geht, herauszufinden, welche zugrundeliegenden
        Rechenoperationen verwendet werden, sondern berücksichtige auch,
        dass spezielle Zahlenarten benutzt werden, die Du bereits
        kennengelernt hast. Wichtig ist, dass Du bei allen Zahlenreihen
        genau notierst, wie die jeweils von Dir gefundenen Rechenprinzipien
        konkret lauten, sodass nachvollziehbar ist, wie Du zu Deinen
        Lösungszahlen gekommen bist?

        a)   5 – 12 – 24 – 36 – 52 - ?

        b)   6 – 35 – 143 – 323 – 667 - ?

        c)   1 – 3 – 9 – 7 – 25 – 13 - ?

        d)   4 – 16 – 36 – 64 – 100 - ?

        e)   7 – 19 – 29 – 37 – 47 - ?

        f)   3 – 12 – 27 – 48 – 75 - ?

        g)   2 – 12 – 45 – 112 – 275 – 468 - ?

        h)   10 – 20 – 34 – 52 – 74 - ?

2. Die folgenden Aufgaben dienen dazu, dass Du Deine Fähigkeiten im Kopfrechnen trainieren kannst. Deshalb ist es wichtig, dass Du bei der Bearbeitung der folgenden Aufgaben keinerlei Hilfsmittel (Papier, Stift usw.) verwendest, sondern ausschließlich Deinen eigenen Kopf.

a) $13 + 11 + 21 = ?$

b) $117 - 42 + 15 = ?$

c) $26 * 2 * 4 = ?$

d) $2048 / 64 = ?$

e) $(11 * 5 + 8) - 2 = ?$

f) $(112 + 44 * 3) * 3 = ?$

g) $2010 - 333 + 22 = ?$

h) $(30 + 20 * 4) - (64 / 8) = ?$

i) $7 + 77 + 777 + 7777 = ?$

j) $700 - (12 * 12) - 56 = ?$

3. Entscheide, welche der folgenden Zahlen gehören zu der Zahlenmenge der a) Quadratzahlen, b) Primzahlen, c) Natürlichen Zahlen?

$3 - 5 - 9 - 12 - 13 - 16 - 20 - 28 - 29 - 36 - 40 - 43 - 49 - 51 - 53 - 59 - 64 - 70 - 79 - 81 - 87 - 89 - 93 - 100 - 103 - 112 - 144 - 169 - 180 - 225$

4.   Es sollen alle Zahlen herausgefunden werden, die ohne Rest durch 3
      teilbar sind.

Gegeben ist folgende Liste:

9 – 13 – 17 – 21 – 24 – 29 – 30 – 34 – 37 – 41 – 45 – 49 – 51 – 56 – 60 – 63
– 64 – 67 – 68 – 71 – 75 – 77 – 80 – 83 – 87 – 90 – 95 – 100 – 115 – 120 –
183 – 200 – 240 – 333 – 444 – 510 – 669 – 700 – 750 – 800 – 999

Übungseinheit 12

1. Beim Metzger kostet 1 Kilogramm Schinken 8 €. Herr Kraus lässt sich 250 g und Frau Rieder 100 g Schinken davon abschneiden. Wie viel Geld zahlt jeder Kunde?

2. Bei einem Obsthändler werden fünf Kilogramm Äpfel zum Preis von 8 € angeboten. Im Laufe eines Nachmittags werden 10 kg, 25 kg und 30 kg Äpfel der gleichen Sorte verkauft. Rechne den Verkaufspreis der jeweiligen Menge aus.

3. Ein Autofahrer legt in der Stunde durchschnittlich 80 km zurück. Wie viele Stunden braucht er für eine 480 km lange Strecke?

4. Frau und Herr Schneider fahren von ihrer Heimatstadt aus zu dem 218 km entfernten Campingplatz. Das Ehepaar legt mit seinem Wohnmobil durchschnittlich 75 km in der Stunde zurück. Wie weit ist das Ehepaar nach zwei Stunden Fahrt noch von dem Campingplatz entfernt?

5. Ein Lastwagenfahrer legt in fünf Stunden eine Strecke von 350 Kilometern zurück. Wie viele Kilometer in der Stunde fährt er durchschnittlich?

6. In einem Lastwagen stehen 14 Säcke Blumenerde zu je 0,100 t und ein 47 kg schweres Gartengerät. Das alles muss der Fahrer an einen Kunden ausliefern. Er will aber noch einige Kisten mit Düngemittel zu je 0,040 t aufladen. Der Fahrer weiß, dass er auf seinem Weg über eine Brücke mit 3,8 Tonnen Höchstbelastung fahren wird. Der Laster wiegt leer 1,910 t und der Fahrer 83 kg. Wie viele Kisten mit Düngemittel darf der Fahrer noch mitnehmen?

7. Herr Schmied möchte 12 l Apfelschorle für sein Restaurant „Lotus" bestellen. Er informiert sich vorher über die Preise zweier Händler: Beim ersten Händler kostet ein Fass mit 12 l Apfelschorle 9,20 €, beim zweiten Händler kosten drei Flaschen mit je 1 l Apfelschorle der gleichen Qualität 2,70 €. Bei welchem Händler ist die Apfelschorle billiger? Um wie viel Euro ist dieser Händler billiger?

8. Für den Kauf einer eigenen Wohnung benötigt Herr Lorenz insgesamt 376160 €. Er zahlt 320000 € sofort an. Den restlichen Betrag will er in 36 gleichen Monatsraten abbezahlen. Um wie viel Euro muss Herr Lorenz eine Rate erhöhen, wenn er die Restschuld in nur noch 24 Monaten begleichen möchte?

9. Ein Privatflugzeug fliegt 1500 km bis zum Zielflughafen und benötigt 2 Stunden und 30 Minuten für diese Strecke. Danach fliegt es noch eine 1969 km weite Strecke und legt dabei 11 km in der Minute zurück.

    a) Mit welcher Geschwindigkeit fliegt das Privatflugzeug bei der ersten Strecke?

    b) Wie viel Zeit benötigt das Flugzeug für beide Strecken?

10. Ein Airbus startet um 10.40 Uhr in Peking und fliegt in das 1020 km entfernte Shanghai. In der Minute legt das Flugzeug dabei durchschnittlich 12 km zurück.

    a) Um wie viel Uhr landet das Flugzeug in Shanghai?

    b) Welche Strecke fliegt der Airbus in einer Sekunde und welche Strecke in einer Stunde?

Übungseinheit 13

1. Rechne die folgenden Längenmaße korrekt um in die jeweils vorgegebene Maßeinheit:

a)   3 m = _____ cm   b)   4 cm = _____ mm

c)   2,5 km = _____ m   d)   45 mm = _____ cm

e)   0,25 km = _____ m   f)   4,05 m = _____ mm

g)   0,025 km = _____ m   h)   1000 mm = _____ km

i)   25 cm = _____ m   j)   15,004 m = _____ mm

k)   20 km = _____ m   l)   500 mm = _____ m

2. <u>Berechne</u>, wie viele cm jeweils zur vorgegebenen Zielgröße fehlen:

a)   25 cm + _____ = 1 m   b)   40 mm + _____ = 0,5 m

c)   300 m + _____ = 320 m   d)   75 cm + _____ = 2 m

e)   990 m + _____ = 1 km   f)   875 mm + _____ = 1 m

g)   99,1 cm + _____ = 1 m   h)   0,09 km + _____ = 95 m

3. Rechne die folgenden Gewichtsangaben in die vorgegebenen Maßeinheiten um:

a) 2 kg = _____ g   b) 0,1 t = _____ kg

c) 400 g = _____ kg   d) 5000 g = _____ kg

e) 2 t = _____ kg   f) 2500 kg = _____ t

g) 350 g = _____ kg   h) 0,01 t = _____ g

i) 45 kg = _____ g   j) 10000 kg = _____ t

4. Berechne, wie viel Zeit (in der Maßeinheit Minuten) zwischen den jeweils vorgegebenen Start- / Endzeiten liegt?

a) 07:30 => 8:15 _____   b) 14:18 => 16:25 _____

c) 09:25 => 12:30 _____   d) 17:59 => 19:00 _____

e) 20:15 => 22:45 _____   f) 00:00 => 04:00 _____

5. Berechne, wie viel Zeit (in der Maßeinheit Sekunden) zwischen den jeweils vorgegebenen Start- / Endzeiten liegt?

a) 12:40 => 12:45 _____   b) 18:00 => 18:20 _____

c) 19:58 => 20:31 _____   d) 17:14 => 18:03 _____

e) 22:47 => 23:05 _____   f) 12:38 => 23:59 _____

6.   Entscheide, und begründe schriftlich, welche der folgenden

Aussagen: a) wahr, b) falsch sind? Die Teilaufgabe (f) ist gesondert

zu berechnen.

Hannah hat zwei Spielwürfel zur Verfügung, mit denen sie einige

Würfelexperiment durchführt. Jeder Wurf setzt sich dabei aus den

Augenzahlen zusammen, die auf der Basis von den beiden

vorgegebenen Spielwürfeln ermittelt werden.

a)   Die Summe der Augenzahl ist grundsätzlich größer als 2.

b)   Es könnten auf beiden Würfeln jeweils genau drei Augen

erscheinen.

c)   Eine Gesamtaugenzahl bei zwei nacheinander

auszuführenden Würfen kann niemals größer als 23 sein.

d)   Es ist möglich, dass bei zwei nacheinander auszuführenden

Würfen eine Augenzahl entsteht, die kleiner ist als 5.

e)   Die Summe bei nur einem Wurf kann bei zwei Würfeln die

Summe 7 ergeben.

f)   Welche konkreten Kombinationen gibt es bei zwei Würfeln,

sodass die Summe der Augenzahl genau 6 ergibt?

g)   Das maximale Produkt, das entsteht, wenn man die

Augenzahl von zwei Würfeln bildet, kann 36 betragen.

h)   Das Produkt der Augenzahl, das sich aus zwei Würfeln bilden

lässt, könnte auch den Wert 23 ergeben.

7. <u>Berechne</u> folgende Bruchanteile:

    a)   Wie viel ist die Hälfte von 2500?

    b)   Wie viel ist ein Viertel von 8200?

    c)   Wie viel ist ein Achtel von 32?

    d)   Wie viel ist ein Viertel von 144?

8. Fridolin sagt: Von meinem Sparguthaben, das aktuell genau 2000 € beträgt, gebe ich zunächst ein Viertel aus. Von dem dann verbleibenden Rest gebe ich Hälfte aus. Nun gebe ich ein weiteres Drittel aus.

<u>Frage:</u> Wie viel Geld hat Fridolin dann noch auf seinem Sparbuch?

9. Zeichne folgende Längen möglichst exakt mit einem roten Stift auf Papier, und beschrifte anschließend (unterhalb der gezeichneten Striche) die hier vorgegebenen Längeneinheiten:

a)	2,5 cm	b)	34 mm	c)	0,5 dm
d)	0,045 m	e)	2,05 cm	f)	0,75 dm
g)	0,00004 km	h)	30,5 mm		

10. Zeichne mit Deinem Zirkel folgende Kreise anhand der vorgegebenen Maße:

a) Durchmesser: 3 cm   b) Radius: 2,5 cm

c) Durchmesser: 2,75 cm   d) Radius: 1,75 cm

11. Addiere folgende Längenmaße, und gib das Ergebnis jeweils in der vorgegebenen Maßeinheit an:

a) 35 cm + 70 mm = _____ cm

b) 0,5 dm + 25 mm = _____ mm

c) 0,05 km + 20 dm = _____ m

d) 420 mm + 58 cm = _____ km

e) 1000 mm + 990 dm = _____ km

12. Subtrahiere folgende Längenmaße, und gib das Ergebnis jeweils in der vorgegebenen Maßeinheit an:

a)   250 m – 2000 mm = _____ cm

b)   0,45 m – 45 mm = _____ mm

c)   2,5 dm – 10 cm = _____ cm

d)   0,0003 km – 29 cm = _____ cm

e)   24,05 m – 50 mm = _____ m

Übungseinheit 14

1. Eine Firma produziert täglich 248 Stifte. Wie viele Stifte produziert sie in 35 Tagen?

2. Ein Bauer erntet 4.750 Kartoffeln. Er verpackt sie in Säcke mit jeweils 125 Kartoffeln. Wie viele Säcke benötigt er?

3. Ein Schwimmbad fasst 1.200 Liter Wasser. Jede Minute fließen 15 Liter Wasser in das Becken. Wie lange dauert es, bis das Becken voll ist?

4. Ein Zug fährt mit einer Geschwindigkeit von 85 km/h. Er fährt 4 Stunden lang ohne Pause. Wie weit kommt er?

5. Setze < , > oder = ein, sodass eine wahre Aussage entsteht!

2815 _____ 3499   999926 _____ 999962   201888 _____ 21088

326788_____ 345678 934500 _____ 953400 72305 _____ 73250

6. Runde folgende Zahlen auf Zehner!

a)   126 _____

b)   3462 _____

c)   3449 _____

d)   7996 _____

7. Runde folgende Zahlen auf Tausender!

a)   8493 _____

b)   862354 _____

c)   945102 _____

d)   30565 _____

8. Eine dreistellige Zahl hat doppelt so viele Zehner wie Einer und so viele Hunderter wie Zehner und Einer zusammen. Es gibt drei solche Zahlen. Schreibe sie auf!

9. Wie heißt die größte sechsstellige Zahl?

10. Wie heißt die kleinste fünfstellige Zahl?

11. Wie heißt die kleinste sechsstellige Zahl mit lauter verschiedenen Ziffern?

12. Schreibe die folgende Zahl mit Ziffern: sechshunderttausendsiebenundsiebzig

13. Rechne möglichst vorteilhaft im Kopf und schreibe das Ergebnis auf!

a) $160 + 390 + 140140 =$
b) $9320 + 17800 + 680 =$
c) $3019 + 128345 + 55 =$
d) $27963 + 812 + 188 =$

Übungseinheit 15

1. Tobias Eltern bereiten eine Geburtstagsfeier zu seinem 10. Geburtstag vor. Geplant ist, dass Tobias mit seiner Mutter und seinem Vater sowie seinen zwei Schwestern in einen Freizeitpark fahren, um dort einen schönen Tag zu verbringen. Der Eintritt für Erwachsene kostet jeweils 22,50 €, und für Kinder jeweils 14,75 €. Für das Mittagessen bezahlt die Familie insgesamt 115 €. Zudem werden noch 35 € für Erfrischungsgetränke veranschlagt.
   <u>Frage:</u> Wie viel Geld muss die Familie dann für den kompletten Tag ausgeben?

2. Sandra möchte eine größere Fahrradtour unternehmen. Sie startet um 8:00 Uhr, und fährt zunächst 30 Minuten lang mit einer Geschwindigkeit von 20 km/h. Dann macht sie eine 10-minütige Pause. Sodann fährt sie den nächsten Streckenabschnitt, der 7500 m lang ist, mit einer Geschwindigkeit von 15 km/h. Dann macht sie eine weitere Pause, die 15 Minuten dauert. Schließlich fährt sie das letzte Stück der Fahrradtour für einen Zeitraum von 30 Minuten mit einer Geschwindigkeit von 12 km/h.
   a) <u>Berechne</u>, wann genau kommt Sandra an ihrem Ziel an?
   b) Wie viele Kilometer weit ist Sandra insgesamt gefahren?

3. Ordne die folgenden Zahlen der Größe nach, und beginne mit der kleinsten Zahl:

a)   12077   23444   12007   23044
      11999   22999

b)   42330   40884   40099   39999
      45055   47049

4. <u>Berechne</u> die folgenden Ergebnisse mittels schriftlicher Division:

a)   291525 : 325   b)   356328 : 606

c)   322916 : 358   d)   36963 : 333

e)   571256 : 707   f)   43896 : 59

g)   61206 : 202   h)   91020 : 444

5. <u>Berechne</u> die folgenden Ergebnisse mittels schriftlicher Multiplikation:

a)   356 * 987   b) 207 * 555   c) 897 * 334

d)   672 * 199

e)   345 * 777   f) 388 * 388   g) 742 * 622

h)   559 * 277

6. Rechne in die vorgegebenen Maßeinheiten um:

a) 0,04 km = _____ m

b) 2,03 m = _____ mm

c) 50 cm = _____ m

d) 400 mm = _____ m

e) 0,001 km = _____ mm

f) 0,7 cm = _____ mm

g) 5,2 kg = _____ g

h) 0,02 t = _____ kg

i) 4500 g = _____ kg

j) 0,65 kg = _____ g

k) 2,75 l = _____ ml

l) 500 ml = _____ l

m) 0,01 l = _____ ml

n) 12500 ml = _____ l

o) 4 min. = _____ sec.

p) 24 Std. = _____ min.

q) 1800 sec. = _____ min.

r) 1 Tag = _____ sec.

1. Die Kinder der 4. Klasse der Albert-Einstein-Grundschule möchten einen Sportparcours absolvieren. Für ihr Trainingsprogramm haben sie sich das derzeit höchste Haus in Düsseldorf ausgesucht, das eine Gesamthöhe von 125 Metern hat.

    a) Die erste Läuferin, Sarah, schafft zunächst 64 Meter, macht dann eine kurze Verschnaufpause, um dann weitere 22 Meter nach oben zu laufen. Frage: Auf welcher Höhe befindet sich Sarah dann?

    b) Der zweite Läufer ist Tobias. Er läuft zunächst 55 Meter nach oben. Nach einer kurzen Pause steigt er weitere 16 Meter nach oben. Frage: Auf welcher Höhe befindet sich Tobias jetzt?

    c) Berechne, welche Gesamthöhe haben Sarah und Tobias gemeinsam geschafft?

2. Kevin unternimmt gemeinsam mit seinen Eltern eine Wanderung. Sie starten um 8:00 Uhr. Für die erste Etappe benötigen sie insgesamt 38 Minuten. Nach einer Pause von 15 Minuten gehen sie für weitere 25 Minuten ihrem Ziel entgegen. Es folgt eine weitere Pause von 12 Minuten. Frage: Wie lange musste Kevin mit seiner Familie noch weitergehen, wenn sie genau um 10:00 Uhr am Ziel ankommen werden?

3.   Tülay soll im Supermarkt einige Lebensmittel einkaufen:

2 Tüten Milch zu je 0,89 €

1 Brot zu 3,99 €

2 kg Bananen zum Kilopreis von 1,49 €

2 kg Kartoffeln zum Kilopreis von 1,89 €

Tülay bekommt von ihrer Mutter einen 20 €-Schein mit, den sie für diesen Einkauf verwenden soll.

Frage: Was kostet der gesamte Einkauf? Wie viel Rückgeld bekommt Tülay, wenn sie mit dem 20€-Schein an der Kasse bezahlt?

1. In einer Schulklasse gibt es insgesamt 28 Schüler*innen. Die Anzahl der Mädchen ist um zwei größer, als die Anzahl der Jungen.

   Erstelle zunächst geeignete Terme, und berechne dann auf der Basis eines geeigneten Gleichungssystems, wie viele Mädchen und Jungen in dieser Schulklasse sind?

2. In einer Kiste liegen insgesamt 50 Murmeln. Die Anzahl der grünen Murmeln ist um 12 größer, als die Anzahl der blauen Murmeln. Erstelle zunächst geeignete Terme, und berechne dann die genaue Anzahl der grünen und blauen Murmeln.

3. Gegeben sei eine Analoguhr mit einem Stunden- und einem Minutenzeiger. <u>Berechne</u> jeweils die Winkel zwischen dem Stundenzeiger und dem Minutenzeiger, wenn folgende Uhrzeiten auf dieser Uhr angezeigt werden:

   a)   12:05 Uhr   b)   16:30 Uhr   c)   20:02 Uhr

4. <u>Berechne</u> folgende Terme:

   a) $35 * 7^2 - (256 / 16) + 3^3 = ?$

   b) $25 + 563 * 8 - (2^{10}) = ?$

   c) $46 - 2 * 14 + 39 = ?$

5. Beschreibe mit eigenen Worten anhand eigener Beispiele folgende
   Begriffe:
   a) Summe   b) Dividend   c) Faktor   d) Quotient
   e) Summand f) Produkt   g) Subtrahend h) Minuend
   i) Differenz j) Divisor   k) Basis   l) Zähler
   m) Exponent n) Nenner   o) Kommutativgesetz

6. Erläutere mit eigenen Worten, warum die Anzahl möglicher Zahlen
   zwischen den Zahlen 0 und 1 unbegrenzt ist?

7. Erkläre anhand eines konkreten Beispiels, warum in der Mathematik
   eine Division durch die Zahl 0 grundsätzlich nicht erlaubt ist?

8. Der Düsseldorfer Fernsehturm hat eine Höhe von 234 m. Auf einem
   Foto wird der Fernsehturm im Maßstab 1:3900 abgebildet. Frage:
   Wie viele Zentimeter lang ist dann das Foto?

9. Auf einem Stadtplan für die Landeshauptstadt Düsseldorf beträgt die
   Entfernung zwischen dem Düsseldorfer Flughafen und dem
   Düsseldorfer Fernsehturm 16 cm. Die tatsächliche Entfernung
   beträgt 8 Kilometer. Frage: Welcher Maßstab wird bei diesem
   Stadtplan verwendet?

Übungseinheit 18

1. Wie lauten die zugehörigen Prozentsätze zu folgenden Brüchen:

    a) 3/10   b) 2/3   c) 4/5

    d) 4/20   e) 6/8   f) 4/12

    g) 6/50   h) 3/5

2. Wie lauten die zugehörigen Prozentsätze (in Prozent)?

    a) 3 von 8   b) 4 von 20   c) 8 von 64

    d) 7 von 98   e) 9 von 162   f) 3 von 12

    g) 4 von 32   h) 12 von 144

3. <u>Berechne</u> den jeweiligen Grundwert (100 %):

    a) 8 % sind 48   b) 4 % sind 36   c) 12 % sind 20

    d) 22 % sind 150   e) 5 % sind 80   f) 7% sind 56

    g) 4 % sind 500   h) 18 % sind 540

4.   Berechne die zugehörigen Prozentwerte:

a)   6 % von 250   b)   4% von 90   c)   12 % von 200

d)   14 % von 25   e)   8 % von 30   f)   9 % von 20

g)   22 % von 150 h)   16 % von 300

5.   Berechne jeweils das kgV (kleinste, gemeinsame Vielfache):

a)   kgV (5, 8)   b)   kgV (7, 25)

c)   kgV (4, 18)   d)   kgV (6, 20)

e)   kgV (12, 15)   f)   kgV (8, 27)

6.   Berechne den ggT (größter, gemeinsamer Teiler):

a)   ggT (25, 75)   b)   ggT (18, 150)

c)   ggT (27, 81)   d)   ggT (16, 512)

e)   ggT (24, 78)   f)   ggT (36, 240)

Hinweis: *Falls Du ggf. nicht mehr genau weißt, wie das kgV und / oder der ggT berechnet wird, dann schau' Dir bitte zunächst folgende Videos an:*
https://www.youtube.com/watch?v=tGDCF575v2o
https://www.youtube.com/watch?v=vCk1qe1FyDI

7.   Rechne in die jeweils korrekten Maßeinheiten um:

a)   25,75 km = _____ cm

b)   0,4 dm = _____ mm

c)   0,075 m = _____ mm

d)   0,03 km = _____ m

e)   2,5 l = _____ ml

f)   3425 ml = _____ l

g)   0,001 l = _____ ml

h)   17,05 l = _____ ml

i)   0,25 t = _____ kg

j)   4500 g = _____ kg

k)   1,05 t = _____ g

l)   250 g = _____ kg

m)   240 sec. = _____ min.

n)   2,5 h = _____ min.

o)   1 d = _____ sec.

p)   365 d = _____ h

8.   <u>Berechne</u> die Wahrscheinlichkeit dafür (in Prozent), dass bei einem fairen Würfel bei drei unmittelbar aufeinanderfolgenden Würfen drei Mal die Zahl 6 gewürfelt wird.

9. <u>Berechne</u>: Was ist wahrscheinlicher?

Bei zwei unmittelbar aufeinanderfolgenden Würfen mit einem fairen Würfel erscheint zweimal die Zahl 4, oder bei zwei unmittelbar aufeinander folgenden Würfen erscheinen zwei gerade Augenzahlen?

10. Gegeben sei ein Würfel mit der Kantenlänge a=40 cm. In diesen Würfel werden nun 48 l Wasser eingefüllt. <u>Berechne:</u> Zu wie viel Prozent ist der Würfel dann mit Wasser gefüllt?

11. Gegeben sei ein Quader mit folgenden Kantenlängen:
Breite: 30 cm, Tiefe: 15 cm, Höhe: 20 cm.
<u>Berechne:</u>
   a) Wie viel Liter Flüssigkeit müssten in diesen Quader eingefüllt werden, damit er bis zu einer Höhe von 15 cm gefüllt sein wird?
   b) Zu wie viel Prozent wäre der Quader gefüllt, wenn die Füllhöhe 12 cm beträgt?
   c) Welche Kantenlänge a (in der Maßeinheit cm) müsste ein Würfel haben, in den die dreifache Menge Flüssigkeit eingefüllt werden könnte, wie hier in diesen Quader?

Übungseinheit 19

1. Gegeben ist ein zusammengesetzter Körper, der aus drei unmittelbar nebeneinander stehenden (d. h. sich an einer Seitenfläche berührenden!) Würfeln besteht, deren Kantenlängen a = 25 mm betragen.

   a) Berechne (inkl. Formel!) die Oberfläche des zusammengesetzten Körpers in der Maßeinheit mm².

   b) Berechne das Volumen (inkl. Formel!) des zusammengesetzten Körpers in der Maßeinheit dm³.

   c) Berechne, wie viele l Wasser könnten in den zusammengesetzten Körper eingefüllt werden?

2. Wandle in die zugehörigen Maßeinheiten um:

   a) 250 ml = _____ l   b) 0,12 l = _____ ml

   c) 4,015 l = _____ ml   d) 765 ml = _____ l

   e) 2 m² = _____ cm²   f) 15 dm² = _____ mm²

   g) 0,2 ha = _____ m²   h) 250 m² = _____ dm²

   i) 30 cm = _____ dm   j) 222 mm = _____ m

   k) 0,002 km = _____ m   l) 0,001 km = _____ dm

   m) 2 m³ = _____ dm³   n) 1 m³ = _____ cm³

   o) 400 mm³ = _____ dm³   p) 0,01 m³ = _____ dm³

   q) 480 sec. = _____ min.   r) 12 d = _____ min.

s) 0,75 h = _____ sec.   t) 2,5 d = _____ sec.

u) 250 kg = _____ t   v) 0,004 t = _____ kg

w) 1,01 kg = _____ g   x) 720 mg = _____ g

y) 0,002 t = _____ g   z) 100 kg = _____ t

3. Gegeben sind die drei Einzelwürfel A, B und C.

Der Würfel A hat eine Kantenlänge a = 6 cm.

Der Würfel B hat eine Kantenlänge a, die um 1/6 länger ist, als die

Kantenlänge a des Würfels A.

Der Würfel C verfügt über eine Kantenlänge a, die um ¼ kürzer ist

als die Kantenlänge a des Würfels A.

a) Berechne das Volumen der Würfel A, B und C in der Maßeinheit

dm³.

b) Berechne die Gesamtflüssigkeitsmenge in der Maßeinheit ml,

sofern alle drei Teilwürfel vollständig mit Wasser gefüllt werden.

c) Berechne für jeden Teilwürfel A, B und C dessen Oberfläche in

der Maßeinheit cm².

4. Welche Zahl ergibt sich, wenn Du zunächst sämtliche Quadratzahlen

der Primzahlen zwischen 20 und 30 addierst, und die sich dann

ergebende Summe mit der Kubikzahl der drittkleinsten Primzahl

multiplizierst?

5. Multipliziere schriftlich:

   a) 423 * 543   b) 244 * 777   c) 0,22 * 16

   d) 666 * 222   e) 1,7 * 1,7   f) 1,4 * 1,4

   g) 0,001 * 100   h) 0,1001 * 10   i) 2,4 * 2,4

   j) 86400 * 7   k) 8760 * 3600   l) 3600 * 168

6. <u>Berechne</u>: Welcher Term ist der größere?

   Term A: $(1^3 + 3^3 + 5^3 + 7^3)$

   Term B: $(2^2 + 4^2 + 6^2 + 8^2)$

7. Welche Zahl musst Du zur Kubikzahl von 5 addieren, damit sich die Kubikzahl von 6 ergibt?

8. Wie lauten – sortiert von klein nach groß – alle Primzahlen zwischen 0 und 100?

Übungseinheit 20

1. <u>Berechne</u> die jeweiligen Anteile der vorgegebenen Messgrößen:

   a) 6/5 von 3000 €   b) 0,6 von 360 m²   c) 3/12 von 120 m³

   d) 3/9 von 330 dm   e) 8/16 von 550 km   f) 0,8 von 1000 l

2. Fred unterteilt eine Laufstrecke von 8000 m wie folgt:

   a) Zunächst läuft er 6/10 der Gesamtstrecke

   b) Dann legt er 2/20 der verbleibenden Strecke zurück

   c) Schließlich läuft er 3/10 der Reststrecke.

   d) <u>Frage:</u> Wie viele Meter fehlen jetzt noch bis zum Ziel?

3. Sabine möchte das Gesamtgewicht für ein zu verschickendes
   Postpaket berechnen. Ihr stehen folgende Angaben zur Verfügung:

   a) 1 Föhn: 550 g   b) 1 Vase: 1750 g   c) 4 Packungen
   Duschgel zu je 175 g

   d) 2 Packungen Kekse, von denen jede einzelne Packung das 1,5-
   fache Gewicht des Föhns hat.

   <u>Frage:</u> Wie schwer (Maßeinheit in kg) ist das Gesamtpaket?

4. Sven möchte herausfinden, welche Gesamtstrecke er mit seinem
   Fahrrad zurücklegt, wenn folgende Daten gegeben sind:
   Er startet um 9:30 Uhr mit einer Geschwindigkeit von durchgängig

22 km/h. Von 9:45 bis um 10:15 Uhr legt er die weitere Strecke mit einer Geschwindigkeit von 18 km/h zurück. Von 10:15 bis um 11:00 Uhr radelt er durchgängig mit einer Geschwindigkeit von 25 km/h.

<u>Frage:</u> Wie viele Kilometer hat Sven dann bis um 11:00 Uhr gefahren?

5. Wandle in die zugehörigen Maßeinheiten um:

a) 0,06 km = _____ dm   b) 8,5 ha = _____ m²

c) 0,014 l = _____ ml   d) 2,03 m³ = _____ dm³

e) 2,202 t = _____ kg   f) 2000 mm = _____ m

g) 0,8 h = _____ sec.   h) 2,8 min. = _____ sec.

i) 0,001 km = _____ dm   j) 24250 g = _____ kg

k) 0,4 h = _____ min.   l) 9000 sec. = _____ h

m) 270 dm = _____ m   n) 500 m² = _____ ha

o) 0,755 t = _____ g   p) 43200 sec. = _____ h

6. <u>Berechne</u> die folgenden Strecken in der Realität, wenn die Länge der jeweiligen Strecke in den nachfolgend genannten Maßstäben gezeichnet worden ist:

a) Maßstab von 1:250   Zeichnung: 8 cm

   Realität: _____

b) Maßstab von 1:1750   Zeichnung: 4 cm

   Realität: _____

c) Maßstab von 1:4000   Zeichnung: 11 cm

   Realität: _____

d) Maßstab von 1:10000   Zeichnung: 9,5 cm

   Realität: _____

7. <u>Berechne</u>, wie viele Liter Flüssigkeit in folgende Körper geschüttet werden könnten:

   a) Würfel mit einer Kantenlänge von a = 200 mm

   b) Quader mit den Maßen: a = 40 cm, b= 3 dm, c= 250 mm

   c) Würfel mit einer Kantenlänge von 0,75 m

   d) Würfel mit einer Kantenlänge von 0,003 km

8. Setze die korrekten Rechenzeichen (> < =) ein:

a)	16/9 ___ 1,5	b)	0,67 ___ 3/5
c)	0,03 ___ 3/100	d)	5/6 ___ 0,7
e)	2/1 ___ 2,001	f)	0,2 ___ 19/100
g)	9/8 ___ 1,25	h)	7/77 ___ 8/88
i)	1/6 ___ 0,17	j)	0,66 ___ 1/6

9. Dividiere schriftlich:

a)	143295:699	b)	145173:223	c)	30603:303
d)	122412:606	e)	44109:117	f)	0,0324:0,18
g)	0,0256:0,16	h)	0,0196:0,14	i)	0,04:0,2

j)   0,0121:0,11   k)   0,0169:0,13   l)   10:0,001

10. Welche Zahl ergibt sich, wenn Du das Produkt folgender Terme berechnest:

1. Term: Summe der Kubikzahlen, die aus den drei größten, einstelligen, geraden Zahlen gebildet wird.

2. Term: Summe aller Primzahlen, die es im Intervall von 10 bis 20 gibt.

11. <u>Überlege:</u> Mit welcher Dezimalzahl muss jede natürliche Zahl multipliziert werden, damit die resultierende Zahl exakt nur noch 1/4 so groß ist, wie die zu berechnende Ausgangszahl?

12. <u>Überlege:</u> Mit welcher Dezimalzahl muss jede natürliche Zahl multipliziert werden, wenn die resultierende Zahl um 2/10 größer sein soll, als die jeweilige Ausgangszahl?

13. Gegeben sind folgende Körper:

Würfel A mit Kantenlänge a = 20 cm

Quader A mit a = 25 cm, b = 4 cm, c = 3 cm

Quader B mit a = 14 cm, b = 8 cm, c = 3 cm

a) <u>Berechne</u> das Volumen jedes einzelnen Körpers sowie anschließend das Gesamtvolumen aller drei Körper.

b) Wie viel ml Flüssigkeit könnten eingefüllt werden, wenn alle drei Körper vollständig befüllt werden?

14. <u>Berechne</u> jeweils sowohl die komplette Oberfläche, als auch die Volumen folgender Körper:

Würfel mit Kantenlänge a = 30 cm

Quader mit a = 20 cm, b = 15 cm, c = 10 cm

<u>Berechne</u> außerdem die komplette Kantenlänge für beide Körper.

Lösungen zu den Übungseinheiten

Übungseinheit 01

1. $(3*(36/12)) = ((20+60)/2)$
    $= (3*3) = (80/2)$
    $= 9 * 40$
    $= \mathbf{360}$

2. $4*(13*5) - ((70+90)/2)$
    $= (4*65) - (160/2)$
    $= 260 - 80$
    $= \mathbf{180}$

3. $((350+650)/2) + (7*9) - (81/9)$
    $= (500+63) - 9$
    $= 563 - 9$
    $= \mathbf{554}$

4. $((25+12) * (2*3*5)) - 110$
    $= (37*30) - 110$
    $= 1110 - 110$
    $= \mathbf{1000}$

5. $(9999 - (26*8)) + (3*3)$
    $= 9999 - 208 + 9$
    $= \mathbf{9800}$

6. Kleinste vierstellige Zahl ist 1000.
    $1000 + 24 = 1024$
    Ausgangszahl ist 4.
    Verdoppelung: $4 - 8 - 16 - 32 - 64 - 128 - 256 - 512 - 1024$
    Also muss die Zahl 4 insgesamt 8 Mal verdoppelt werden.

7.   Division durch Null ist nicht definiert; d. h. nicht erlaubt.

Beispiel: $1 / 1 = 1$
$1 / 0,5 = 2$
$1 / 0,1 = 10$
$1 / 0,01 = 100$
$1 / 0,001 = 1000$
usw.

$1 / 0$ würde bedeuten, dass der Wert gegen unendlich konvergiert; d.h. dass das Ergebnis sich mehr und mehr einem unendlich großen Wert annähert, diesen jedoch grundsätzlich niemals tatsächlich erreichen wird, weil der Divisor beliebig klein gestaltet werden kann. Wichtig zu wissen ist, dass jedoch der Wert „unendlich" keine Zahl mehr darstellt, sondern vielmehr einen „Zustand".
Von daher darf nicht der sich zunächst aufdrängende Gedanke bestehen, sich den Begriff „unendlich" als eine extrem große Zahl vorzustellen, sondern vielmehr als einen „Zustand", der eben gerade nicht als eine wie auch immer große Zahl existiert.

8. $(19*19) - 61 = 361 - 61 = \mathbf{300}$

Übungseinheit 02

a)　　4 – 8 – 12 – 16 – 20 - ?
　　　　+4　+4　　+4　+4　+4　　　　=> **24**

b)　　7 – 21 – 63 – 189 – 567 - ?
　　　　*3　　*3　　*3　　*3　　　*3　=> **1701**

c)　　2048 – 1024 – 512 – 256 – 128 - ?
　　　　　　/2　　　/2　　/2　　/2　　　/2　=> **64**

d)　　800 – 770 – 740 – 710 – 680 - ?
　　　　-30　　　-30　　-30　　-30　　-30　　=> **650**

e)　　1 – 3 – 9 – 11 – 33 - ?
　　　　+2　*3　+2　*3　　+2　　　　=> **35**

f)　　1 – 5 – 25 – 29 – 145 - ?
　　　　+4　*5　+4　　*5　　+4　　　=>**149**

g)　　6 – 18 – 13 – 39 – 34 - ?
　　　　*3　　-5　*3　　-5　　*3　　　=> **102**

h)　　4 – 6 – 18 – 16 – 18 – 54 - ?
　　　　+2　*3　-2　+2　　*3　-2　=> **52**

i)　　5 - 15 – 11 – 22 – 66 – 62 - ?
　　　　*3　　-4　+11　*3　-4　+11　　　=> **73**

j)　　9 – 10 – 99 – 100 – 999 - ?
　　　Jeweils größte 1-stellige, 2-stellige, 3-stellige Zahl,
　　　anschließend jeweils +1　　=> **1000**

Übungseinheit 03

1. $((256/16)*3) * (2*(299-15))$
   $= (16*3) * (2*284)$
   $= 48 * 568$
   $= \mathbf{27264}$

2. $(4*(12*8)) – (72/8)$
   $= (4*96) – 9$
   $= 384 \text{ -}9$
   $= \mathbf{375}$

3. $(101*(2*997)) – ((20*30)/2)$
   $= (101 * 1994) – 300$
   $= 201394 – 300$
   $= \mathbf{201094}$

4. $13 \text{ - } 26 – 52 – 10 – 308$
   $208 – 50 = 158$
   $158 / 2 = \mathbf{79}$

5.
a)	109366	g)	654481
b)	117792	h)	59501
c)	320073	i)	369630
d)	118104	j)	98172
e)	734472	k)	71289
f)	92241	l)	101676

6.)
a)	58	g)	19
b)	55	h)	22
c)	32	i)	57
d)	19	j)	68
e)	56	k)	26
f)	39	l)	16

Übungseinheit 04

1. a) 730   l) 346
   b) 355   m) 677
   c) 338   n) 132
   d) 115   o) 13
   e) 268   p) 16
   f) 161   q) 19
   g) 14611   r) 12
   h) 16562   s) 4
   i) 312   t) 32
   j) 4300   u) 512
   k) 609   v) 24

2. $(x*(196/14)) - (100-88) = 10*10$

   $(x*14) - 12 = 100$

   $14x - 12 = 100$ / +12

   $14x = 112$ / :14

   $x = 8$

3. $x = (((2500-2460)/2)*3)$

   $x = 20*3$

   $x = 60$

4. Anzahl der Kombinationen beim Logikspiel SUPERHIRN:

   Formel: Anzahl der Farben $^{\text{Anzahl der Löcher}}$

   Also: Bei 6 Farben und 4 Löchern gibt es demnach
        6^4 also $6*6*6*6 =$ **1296 Kombinationen**

5.   a)   5 – 18 – 54 – 67 – 201 – 214 - ?
            +13 *3   +13 *3   +13   *3   => **642**

      b)   8 – 32 – 23 – 92 – 83 - ?
            *4 -9   *4   -9   *4   => **332**

      c)   1 – 8 – 56 – 54 – 61 – 427 - ?
            +7 *7 -2   +7 *7   -2   => **425**

      d)   1 – 13 – 32 – 27 – 39 – 58 - ?
            +12 +19 -5   +12 +19 -5   => **53**

      e)   4 – 8 – 40 – 43 – 86 – 430 - ?
            *2 *5 +3   *2 *5   +3   => **433**

      f)   32768 – 16384 – 8192 – 4096 – 2048 - ?
                  :2   :2   :2   :2   :2   => 1024

6.   20 € + (210 €) + (2 * 5 €) = 50€

      1 Brot: 3,99 €
      2 Tüten Milch: 2,58 €
      1 kg Äpfel: 4,99 €
      2 Pakete Nudeln: 3,18 €
      3 Tafeln Schokolade: 2,97 €

      a)   Gesamtkosten des Einkaufs: **17,71 €**
      b)   50,00 € - 17,71 € = **32,29 €**
      c)   Rückgeld für die Mutter: 32,99 € - 5,00 € = **27,29 €**

7.   Franziska startet um 9:00 Uhr. Sie fährt mit 12 km/h. Demnach hat
sie in 60 Minuten 12 Kilometer gefahren. In einer Minute fährt sie
demnach 200 Meter. Also benötigt sie für 10 Kilometer 50 Minuten.

Toni startet um 9:05 Uhr. Sie fährt mit 15 km/h. Demnach hat sie
in 60 Minuten 15 Kilometer gefahren. In einer Minute fährt sie
demnach 250 Meter. Also benötigt sie für 10 Kilometer 40 Minuten.

a) Franziska kommt um 9:50 Uhr an.
b) Toni kommt um 9:45 Uhr an.

Übungseinheit 05

1. 3 * 15 km = 45 km pro Tag
    384400 : 45 = 8542 Tage (gerundet auf volle Tage)
    8542 : 365 $\cong$ **23,4 Jahre**

2. a)   40000 km – 15329 km = **24671 km**
    b)   12742 km – 7863 km = **4879 km**

3. a)   Erdumfang: 40000 km – 1975 km
          = Venusumfang: **38025 km**
    b)   Durchmesser von Erde + Merkur:
          12742 km + 4879 km = 17621 km
          Durchmesser vom Mars:
          17621 km – 10842 km = **6779 km**
    c)   Umfang Merkur: 15329 km
          Umfang Mars: 15329 km + 6015 km = **21344 km**

4. 5 km * 8 Stunden = 40 km pro Tag
    40000 km : 40 km = 1000 Tage
    1000 Tage : 30 $\cong$ **33,3 Monate (33 1/3 Monate)**

5. (2 * 98) – ((64 / 8) / 2) = x + 8
    198 – 4 = x + 8
    194 = x + 8   / - 8
    186 = x
      x = 186

6) 1+4+9+16+25+36+49+64+81+100+121+144+169+196+225
    +256+289+324+361+200 = **2870**

Übungseinheit 06

1. a) $2 - 6 - 3 - 12 - 36 - 33 - ?$
   *3 -3 *4   *3   -3   *4   => **132**

   b) $9 - 18 - 117 - 1116 - ?$
   Jeweils eine Stelle mehr, und gleichzeitig bei den
   Einerstellen -1   => **11115**

   c) $1 - 4 - 28 - 23 - 92 - 644 - ?$
   *4 *7 -5   *4   *7   -5   => **639**

   d) $65536 - 32768 - 16384 - 8192 - ?$
   :2   :2   :2   :2   => **4096**

   e) $4 - 12 - 7 - 13 - 39 - 34 - ?$
   *3 -5   +6   *3   -5   +6   => **40**

   f) $1 - 9 - 25 - 49 - 81 - ?$
   Jeweils folgende, ungerade Quadratzahl => **121**

   g) $24 - 54 - 84 - 114 - 144 - ?$
   +30 +30 +30 +30   +30   => **174**

2. $(144 / 12) * (8 * 15)$
   $= 12 * 120$
   $= \mathbf{1440}$

3. $100001 - (4 * 2 * 997)$
   $= 100001 - 7976$
   $= \mathbf{92025}$

4. $50 * 101 = \mathbf{5050}$

Ein intelligenter Rechentrick, der hier verwendet werden könnte, besteht darin, zu erkennen, dass alle addierten Teilsummen (1, 100), (2, 99), (3, 98) usw. grundsätzlich jeweils die Teilsumme 101 ergeben.

Wenn Du nun bedenkst, dass es hier insgesamt 50 Teilsummen gibt, dann lautet die vereinfachte Berechnung nur noch:

$50 * 101 = 5050$.

Wie Du siehst, lässt sich somit das Gesamtergebnis sehr viel schneller berechnen, als wenn Du zunächst 50 Teilsummen einzeln addieren müsstest.

5.   Variante A: 4 Löcher, 7 Farben   : $7^4 = 2401$ Kombinationen
        Variante B: 5 Löcher, 5 Farben   : $5^5 = 3125$ Kombinationen
        Variante C: 3 Löcher, 9 Farben   : $9^3 = 729$ Kombinationen
        Variante D: 6 Löcher, 5 Farben   : $5^6 = 15625$ Kombinationen

Übungseinheit 07

1. a) Grundpreis des Fahrrads: 499 €
        Fahrradcomputer: 39 €
        Getränkeflasche: 13 €
        Blinkeranlage: 49 €
                                        ----
                                        600 €

    b) Spardose: 125 €
        Eltern: 75 €
                      ------
                      200 €

        600 € - 200 € = 400 € (fehlen noch)
        400 € : 25 € = **16 Wochen**

    c) 400 € : 10 Wochen = **40 €**

2. 6 Etagen mit je 80 Parkplätzen: Insgesamt 480 Parkplätze

    a) **480 PKW**
    b) 1. Etage: 25 PKW
        2. Etage: 37 PKW
        3. Etage: 124 PKW
        4. Etage: 7 PKW
        5. Etage: 14 PKW
        6. Etage: 42 PKW
                      ----
                      249 PKW
    c) **234** freie Parkplätze. (480 – 246 = 234)
    d) 120 zusätzliche Parkplätze. Bei 6 Etagen insgesamt
        müssten dann pro Etage 20 Plätze mehr vorhanden sein.
        600 – 480 = 120.   120 : 6 = **20**

3. a)   240 m – 157 m = 83 m
    b)   1000 m – 172 m = 828 m (Burj Khalifa)
    c)   125 m + 312 m = 437 m
    d)   259 m – 157 m = 102 m   312 m – 240 m = 72 m
    e1) 828 m
    e2) 240 m + 125 m + 157 m + 312 m + 259 m = 1093 m
    f)   40000000 : 828 = 48309 ≅ 48000 Burj Khalifa

4. 1. Schritt: 17. Etage
    2. Schritt: 14. Etage
    3. Schritt: 9. Etage
    4. Schritt: Es fehlen noch **13 Etagen** aufwärts bis zur 22. Etage.

5. a)   Freitag
    b)   Montag
    c)   Samstag
    d)   Dienstag
    e)   Mittwoch

6. a)   3600 sec.
    b)   1440 min.
    c)   8760 h
    d)   10080 min.
    e)   2.678.400 sec.
    f)   (8 * 31536000) + (2 * 31622400) = **315532800 sec.**

Übungseinheit 08

1. a)   10 Ziffern;   0, 1, 2, 3, 4, 5, 6, 7, 8, 9
    b)   Weil die 0 mitgezählt wird.
    c)   2 Ziffern: 0 und 1. Strom aus: 0, Strom an: 1
    d)   dezimal   dual
             84   01010100
             77   01001101
            122   01111010
            190   10111110
             55   00110111
            255   11111111

2. a)   Samstag
    b)   Freitag
    c)   Montag
    d)   Dienstag
    e)   Samstag

3. a)   wahr
    b)   falsch
    c)   wahr
    d)   wahr
    e)   wahr
    f)   wahr
    g)   wahr
    h)   wahr
    i)   wahr
    j)   falsch
    k)   falsch

4.

1 Brot	:	3,95 €	
1 Tüte Milch	:	1,25 €	
1 Sack Kartoffeln	:	4,99 €	
1 Flasche Wasser	:	0,99 €	
1 kg Äpfel	:	2,99 €	
1 Tüte Zucker	:	1,59 €	
1 Stück Butter	:	2,19 €	

a1) Gesamtkosten : **17,95 €**

a2) Rückgeld: 50,00 € - 17,95 € = **32,05 €**

5. 950 € - 350 € - 150 € = 450 € (fehlen noch)

450 € : 9 € = 50 Stunden muss Sandra Babysitten

6. a) $(4 * 7) * x = 2 * 56$

$28 x = 112$ / :28

$x = 4$

b) $(2 * 999) - (3 * 10)$

$= 1998 - 30$

$= 1968$

c) $(4 * (1024 / 16)) * (96 - 84) + 261$

$= (4 * 64) * 12 + 261$

$= 3072 + 261$

$= 3333$

d) $x * (2 * 99) = (2 * 2000) + 1148$

$198 x = 4000 + 1148$

$198 x = 5148$ / : 198

$x = 26$

7. $121 - 361 - 196 - 144 - 256 - 400 - 324 - 225 - 169 - 289$

Übungseinheit 09

1. Vater: 46
    Mutter: 46 – 2 = 44
    Tom: 44 : 4 = **11**
    (Mara * 5) + 6 = 46   / -6
    5 Mara = 40   / :5
      Mara = **8**

2. Pascal: 7
    Melanie: 7 + 2 = 9
    Fred: 9 + 3 = 12
    Sahra: 2 * 7 + 1 = 15

3. 3A = 30 €   => A = 10 €
    1A + 2B = 20 €   => B = 5 €
    1B + 2C = 9 €   => C = 2 €
    eingesetzt ergibt sich dann:
    5 € + 2 € * 10 € = **25 €**

4. x = ((80 / 5) / 4)
    x = 16 / 4
    x = **4**

5. (9*97) + (3*9)
    = 873 + 27
    = **900**

6. a)   Samstag
    b)   Sonntag
    c)   Samstag
    d)   Sonntag
    e)   Samstag

Übungseinheit 10

1. 11+14+23=48
    111- 32+16=95
    38*2*3=228
    1024:128=8
    (13*7+9)-4=96
    (215+22*4)*2=606
    1399-555+44=888
    (31+22*3)-(49:7)=90
    8+88+888+8888=9872
    604-(18*18)-101=179

2. *

    -

    /   +
    +   +   -
    *   +   -   *
    +   +   +   -
    /   *   +   +
    -       +   +   /

3. a) Eine Primzahl kann (ohne Rest) nur durch 1 und sich selbst
        geteilt werden.
    b) 2 – 3 – 5 – 7 – 11 – 13 - 17 – 19 – 23 – 29 – 31 – 37 – 41
        43 – 47 – 53 – 59 – 61 – 67 – 71 – 73 – 79 – 83 – 89 – 97

4. a) 519058
    b) 936696
    c) 785668
    d) 1742250
    e) 5679648
    f) 368046

5. $11^2 + 13^2 + 15^2 + 17^2 + 19^2$
121+169+225+289+361=1165
Primzahlen im Bereich 40 bis 50: 41+43+47=131
Also: 1165*131=**152615**

6.   (89*97) * (31+37)
= 8633 * 68
= **587044**

7.   Beispiel: 3 + 4 * 5 = 23
Multiplikation hat Vorrang.
1. Schritt: 4 * 5 = 20
2. Schritt: + 3 = 23

Übungseinheit 11

1.   a)   5 – 12 – 24 – 36 – 52 - ?

            2+3, 5+7, 11+13, 17+19. 23+29, 31+37   => **68**

      b)   6 – 35 – 143 – 323 – 667 - ?

            2*3, 5*7, 11*13, 17*19, 23*29, 31*37   => **1147**

      c)   1 – 3 – 9 – 7 – 25 – 13 - ?

            1.QZ, 2.PZ, 3.QZ, 4.PZ usw.   => **49**

      d)   4 – 16 – 36 – 64 – 100 - ?

            Jeweils nächste gerade Quadratzahl   => **144**

      e)   7 – 19 – 29 – 37 – 47 - ?

            Jeweils größte Primzahl im nächsten

            Zehnerintervall   => **59**

      f)   3 – 12 – 27 – 48 – 75 - ?

            $1^2*3, 2^2*3, 3^2*3, 4^2*3, 5^2*3, 6^2*3$ => **108**

      g)   2 – 12 – 45 – 112 – 275 – 468 - ?

            1.QZ*1.PZ, 2.QZ*2.PZ, 3QZ*3.PZ usw.   => **833**

      h)   10 – 20 – 34 – 52 – 74 - ?

            1.+3.QZ, 2.+4.QZ, 3.+5.QZ usw.   => **100**

2.   a)   45

      b)   90

      c)   208

      d)   32

      e)   61

      f)   732

      g)   1699

      h)   102

      i)   8638

      j)   500

3. Quadratzahlen: 9 – 16 – 36 – 49 – 64 – 81 – 100 – 144
                          169 – 225
    Primzahlen: 3 – 5 – 13 – 29 – 43 – 59 – 79 – 89 – 103
    Natürliche Zahlen: Grundsätzlich sind alle hier genannten
                          Zahlen auch „Natürliche Zahlen", weil sie
                          positiv sind, und zudem keine
                          Nachkommastellen haben.

4. 9 – 21 – 24 – 30 – 45 – 51 – 60 – 75 – 87 – 120 – 183 – 240
    333 – 444 – 510 – 669 – 750 – 999

Übungseinheit 12

1. Herr Kraus zahlt **2 €**.
    Frau Rieder zahlt **0,80 €**.

2. 5 kg Äpfel kosten 8 €.
    10 kg: **16 €**
    25 kg: **40 €**
    30 kg: **48 €**

3. 480 km : 80 km/h = **6 Stunden**

4. Nach zwei Stunden ist das Ehepaar 150 km weit gefahren.
    Noch zu fahren bis zum Ziel sind es dann:
    218 km – 150 km = **68 Kilometer**.

5. 350 km : 5 Stunden = **70 km/h**.

6. 14 Säcke Blumenerde: 14 * 0,100 t = 1,4 t (1400 kg)
    Gartengerät   :   47 kg
    Gewicht des LKW   :   1910 kg
    Gewicht des Fahrers :   83 kg

    Gesamtgewicht   :   3440 kg

    Differenz für mögliche Zuladung: 3800 kg – 3440 kg = 360 kg

    360 kg : 40 kg (je Kiste Düngemittel) = **9 Kisten**

7. 1. Händler: 12 Liter: 9,20 €
    2. Händler: 3 Liter: 2,70 €   (4*2,70 € = 10.80 €)
    Antwort: Der 1. Händler ist um **1,60 €** billiger.

8.   Restbetrag: 376160 € - 320000 € = 56160 €
                     56160 € : 36 = 1560 € (Monatsrate)
                     56160 € : 24 = 2340 € (Monatsrate)

Demnach müsste Herr Lorenz die monatliche Rate um
(2340 € - 1560 €) = **780 €** erhöhen.

9.   a)   1500 km in 150 Minuten.
            => Pro Minute 10 km.
            => Geschwindigkeit: **600 km/h**.
      b)   1969 km : 11 km je Stunde => 179 Minuten

            Insgesamt werden für beide Strecken dann 150 Minuten
            + 179 Minuten = **329 Minuten** benötigt.

10.   a)   1020 km : 12 km/min. = 85 Minuten
            Also landet das Flugzeug um 10:40 Uhr + 85 Minuten
            um **12:05 Uhr** in Shanghai.
      b)   Pro Sekunde fliegt der Airbus: 12000 m : 60 sec. = 200 m.
            Pro Stunde fliegt der Airbus: 200 m * 3600 sec. = **720 km**.

Übungseinheit 13

1. a)   300   g)   25
    b)   40   h)   0,001
    c)   2500   i)   0,25
    d)   4,5   j)   15004
    e)   250   k)   20000
    f)   4050   l)   0,5

2. a)   75   e)   1000
    b)   46   f)   12,5
    c)   2000   g)   0,9
    d)   125   h)   500

3. a)   2000   f)   2,5
    b)   100   g)   0,35
    c)   0,4   h)   10000
    d)   5   i)   45000
    e)   2000   j)   10

4. a)   45 min.   d)   127 min.
    b)   185 min.   e)   61 min.
    c)   150 min.   f)   240 min.

5. a)   300   d)   1200
    b)   1980   e)   2940
    c)   1080   f)   40860

6. a) **Falsch**, es könnte auch 1 – 1 erscheinen
   b) **Wahr**
   c) **Falsch**, es könnte 6 – 6 und nochmals 6 – 6 erscheinen
   d) **Wahr**
   e) **Wahr**, 1 – 6, 2 – 5, 3 – 4
   f) 1 – 5, 2 – 4, 3 – 3
   g) **Wahr**
   h) **Falsch**, es gibt keine Kombination, die aus zwei Würfeln das Produkt 23 ergibt.

7. a) 1250
   b) 2050
   c) 4
   d) 36

8. 2000 € - 500 € - 750 € - 250 € = **500 €**

9. Hier muss geprüft werden, ob die gezeichneten Längen korrekt sind. (Selbstkontrolle). In der Maßeinheit cm wären es dann:

   a) 2,5 cm
   b) 3,4 cm
   c) 5 cm
   d) 4,5 cm
   e) 2,05 cm
   f) 7,5 cm
   g) 4 cm
   h) 3,05 cm

10. Hier muss nur geprüft werden (Selbstkontrolle), ob die vorgegebenen Werte korrekt beachtet worden sind.

11.   a)   42
      b)   75
      c)   52
      d)   0,001
      e)   0,1

12.   a)   24800
      b)   405
      c)   15
      d)   1
      e)   24

Übungseinheit 14

1. 248 * 35 = **8680 Stifte**

2. 4750 : 125 = **38 Säcke**

3. 1200 : 15 = **80 Minuten**

4. 4 * 85 km = **340 km**

5. 2815 < 3499
   999926 < 999962
   201888 > 21088
   326788 < 345678
   934500 < 953400
   72305 < 73250

6. a) 130
   b) 3460
   c) 3450
   d) 8000

7. a) 8400
   b) 862000
   c) 945000
   d) 31000

8. 321
   642
   963

9. 999999

10.   10000

11.   123456

12.   600077

13.   a)   140690
       b)   27800
       c)   131419
       d)   28963

Übungseinheit 15

1. 2 Erwachsene: 2 * 22,50 € = 45 €
   3 Kinder: 3 * 14,75 € = 44,25 €
   Mittagessen: 115 €
   Erfrischungsgetränke: 35 €
   _____
   Gesamtkosten: **239,25 €**

2. a) 8:00 Uhr, Start, 0 km
   8:30 Uhr, 10 km
   Ab 8:40 Uhr mit 15 km/h, 17,5 km
   9:10 Uhr, 15 Minuten Pause
   Ab 9:25 Uhr mit 12 km/h
   Ankunft: 9:55 Uhr, 17,5 km + 6 km = **23,5 km**

3. a) 11999<12007<12077<22999<23044<23444
   b) 39999<40099<40884<42330<45055<47049

4. a) 897
   b) 588
   c) 902
   d) 111
   e) 808
   f) 744
   g) 303
   h) 205

5.   a)   351372
     b)   114885
     c)   299598
     d)   133728
     e)   268065
     f)   150544
     g)   461524
     h)   154843

6.   a)   40
     b)   2030
     c)   0,5
     d)   0,4
     e)   1000
     f)   7
     g)   5200
     h)   20
     i)   4,5
     j)   650
     k)   2750
     l)   0,5
     m)   10
     n)   12,5
     o)   240
     p)   1440
     q)   30
     r)   86400

Übungseinheit 16

1. a)   64 m + 22 m = 86 m
    b)   55 m + 16 m = 71 m
    c)   86 m + 71 m = 157 m

2.   Start: 8:00 Uhr
       + 38 Minuten => 8:38 Uhr
       + 15 Minuten Pause => 8:53 Uhr
       + 25 Minuten => 9:18 Uhr
       + 12 Minuten Pause => 9:30 Uhr
       10:00 Uhr – 9:30 Uhr: **Noch 30 Minuten bis zum Ziel**.

3.   2 Tüten Milch: 2 * 0,89 € = 1,78 €
       1 Brot: 1 * 3,99 € = 3,99 €
       2 kg Bananen: 2 * 1,49 € = 2,98 €
       2 kg Kartoffeln: 2 * 1,89 € = 3,78 €

       Gesamtkosten des Einkaufs: **12,53 €**

       Rückgeld: 20,00 € - 12,53 € = **7,47 €**

Übungseinheit 17

1. $J + 2 = M$
    $28 - J = M$
    \-\-\-\-\-\-\-\-\-\-\-\-\-\-
    $30 = 2\,M$ / :2
    $15 = M$
    M = 15   => **J = 13**

2. $G + B = 50$
    $B + 12 = G$

    Umstellen, damit sich B aufhebt:

    $50 - B = G$
    $B + 12 = G$
    \-\-\-\-\-\-\-\-\-\-\-\-\-\-
    $62 = 2\,G$ / :2
    $31 = G$
    G = 31   => **B = 19**

3. a)   12:05 Uhr: $30° - 2,5° = \mathbf{27,5°}$

    Grundsätzlich: Je Minute beim Minutenzeiger:
    $360° : 60 = 6°$
    Je Minute beim Stundenzeiger:
    $30° : 60 = 0,5°$

    b)   16:30 Uhr: $180° - 135° = \mathbf{45°}$
    c)   20:02 Uhr: $4 * 30° + 12° = 132° - 1° = \mathbf{131°}$

4. a)   1726
    b)   3505
    c)   57

5. a) 2+3=5, Summand + Summand = Summe
    b) 12:4=3, Dividend : Divisor = Quotient
    c) 3*6=18, Faktor * Faktor = Produkt
    d) 12:4=3, Quotient ergibt sich aus Dividend : Divisor
    e) 2+3=5, Addition = Summand + Summand
    f) 3*6=18, Produkt = Faktor * Faktor
    g) 7-2=5, Subtrahend = Minuend - Differenz
    h) 7-2=5, Minuend = Subtrahend + Differenz
    i) 7-2=5, Differenz = Minuend – Subtrahend
    j) 12:4=3, Divisor = Dividend : Quotient
    k) 2^3, hier ist 2 die Basis
    l) ½, die Zahl oben auf dem Bruchstrich (1) heißt Zähler
    m) 2^3, hier ist 3 der Exponent (Hochzahl)
    n) ½, die Zahl unter dem Bruchstrich (2) heißt Nenner
    o) Vertauschungsgesetz (Kommutativgesetz): 2*3 = 3*2

6. Jedes beliebige Zahlenintervall (hier: 0 bis 1) kann unendlich oft
    geteilt werden. Mit jeder Teilung (Halbierung) wird die
    resultierende Zahl kleiner, ohne jedoch jemals die Zahl 0
    zu erreichen.

    Beispiel: 1. Teilung: 0,5
                 2. Teilung: 0,25
                 3. Teilung: 0125
                 usw.

7. Eine Division durch Null ist nicht erlaubt (definiert), weil sie einen
    „Wert" von unendlich (∞) ergäbe. „Unendlich" (∞) bezeichnet
    jedoch keine Zahl, sondern einen Zustand.

8. Maßstab 1:3900 bedeutet, dass 1 cm auf dem Foto in der Realität 39 m entspricht.

234 : 39 = **6 cm** (Größe der Abbildung auf dem Foto)

9. 16 cm ≙ 8 km

1 cm ≙ 500 m

Demnach beträgt der **Maßstab: 1 : 50000**

Übungseinheit 18

1,   a)   30 %
         b) $66,\overline{6}$ %
         c)   80 %
         d)   20 %
         e)   75 %
         f) $33,\overline{3}$ %
         g)   12 %
         h)   60 %

2.   a)   37,5 %
         b)   20 %
         c)   12,5 %
         d) $\approx 7,14$ %
         e) $5,\overline{5}$ %
         f)   25 %
         g)   12,5 %
         h) $8,\overline{3}$ %

3.   a)   3,84
         b)   1,44
         c)   2,4
         d)   33
         e)   4
         f)   3,92
         g)   20
         h)   97,2

4.   a)   15
     b)   3,6
     c)   2,4
     d)   3,5
     e)   2,4
     f)   1,8
     g)   33
     h)   48

5.   a)   40
     b)   175
     c)   36
     d)   60
     e)   60
     f)   216

6.   a)   25
     b)   450
     c)   27
     d)   16
     e)   312
     f)   6

7.

a)	2575000		i)	250
b)	40		j)	4,5
c)	75		k)	1050000
d)	30		l)	0,25
e)	2500		m)	6
f)	3,425		n)	150
g)	1		o)	86400
h)	17050		p)	8760

8. $1/6 * 1/6 * 1/6 = 1/216 \approx$ **0,463 %**

9.   4 und 4   : $1/6 * 1/6 = 1/36 \approx$ **$2,\overline{7}$ %**

       Zwei gerade Augenzahlen   : $½ * ½ = ¼ =$ **25 %**

10. $40 \text{ cm}^3 = 0{,}064 \text{ m}^3 \triangleq 64$ Liter (100 %)

      48 Liter $\triangleq$ **75 %**

11.   a) $0{,}3 \text{ m} * 0{,}15 \text{ m} * 0{,}2 \text{ m} = 0{,}09 \text{ m}^3 \triangleq 9$ Liter (100 %)

             20 cm (Höhe) $\triangleq$ 9 Liter

             15 cm (Höhe) $\triangleq$ **6,75 Liter**

     b)   60 %

     c)   Dreifache Menge wäre 9 * 3 = 27 Liter

             => Kantenlänge a müsste dann **30 cm** betragen.

Übungseinheit 19

1. a) $12a^2 + 2a^2$
    $= (12 * 625 \text{ mm}^2) + 2 * 625 \text{ mm}^2$
    $= 7500 \text{ mm}^2 + 1250 \text{ mm}^2$
    $= \mathbf{8750 \text{ mm}^2}$

    b) $25 \text{ mm} \triangleq 0,25 \text{ dm}$
    Volumen: $(3 * 0,25 \text{ dm}) * 0,25 \text{ dm} * 0,25 \text{ dm}$
    $= 0,75 \text{ dm} * 0,25 \text{ dm} * 0,25 \text{ dm}$
    $= \mathbf{0,046875 \text{ dm}^3}$

    c) $1 \text{ dm}^3 \triangleq 1 \text{ Liter} \triangleq 1000 \text{ ml}$
    $0,046875 \text{ dm3} \triangleq \mathbf{46,875 \text{ ml}}$

2.
a)	0,25		n)	1000000
b)	120		o)	0,0004
c)	4015		p)	10
d)	0,765		q)	8
e)	20000		r)	17280
f)	150000		s)	2700
g)	2000		t)	216000
h)	25000		u)	0,25
i)	3		v)	4
j)	0,22		w)	1010
k)	2		x)	0,72
l)	10		y)	2000
m)	2000		z)	0,1

3. a) Würfel A: $0,6 \text{ dm} * 0,6 \text{ dm} * 0,6 \text{ dm} = \mathbf{0,216 \text{ dm}^3}$
   Würfel B: $a = 6 \text{ cm} + 1 \text{ cm} = 7 \text{ cm}$
   $0,7 \text{ dm} * 0,7 \text{ dm} * 0,7 \text{ dm} = \mathbf{0,343 \text{ dm}^3}$
   Würfel C: $6 \text{ cm} - 1,5 \text{ cm} = 4,5 \text{ cm}$
   $0,45 \text{ dm} * 0,45 \text{ dm} * 0,45 \text{ dm} = \mathbf{0,091125 \text{ dm}^3}$

   b) Würfel A: $0,216 \text{ dm}^3$
   Würfel B: $0,343 \text{ dm}^3$
   Würfel C: $0,091125 \text{ dm}^3$

   $0,650125 \text{ dm}^3 \triangleq \mathbf{650,125 \text{ ml}}$

   c) Würfel A: $6 * 6^2 = \mathbf{216 \text{ cm}^2}$
   Würfel B: $6 * 7^2 = \mathbf{294 \text{ cm}^2}$
   Würfel C: $6 * 4,5^2 = \mathbf{121,5 \text{ cm}^2}$

4. $(23^2 + 29^2) * 5^3$
   $= (529 + 841) * 125$
   $= 1370 * 125$
   $= \mathbf{171250}$

5. a) 229689
   b) 189588
   c) 3,52
   d) 147852
   e) 2,89
   f) 1,96
   g) 0,1
   h) 1,001
   i) 5,76
   j) 604800
   k) 31536000
   l) 604800

6.   Term A: $(1^3 + 3^3 + 5^3 + 7^3) = 496$
       Term B: $(2^2 + 4^2 + 6^2 + 8^2) = 120$

       Also ist der Term A größer.

7. $x + 5^3 = 6^3$
       $x + 125 = 216$ /-125
       x = 91

8. $2 - 3 - 5 - 7 - 11 - 13 - 17 - 19 - 23 - 29 - 31 - 37 - 41 - 43 - 47$
       $53 - 59 - 61 - 67 - 71 - 73 - 79 - 83 - 89 - 97$

Übungseinheit 20

1. a)   3600 €
    b)   216 m²
    c)   30 m³
    d)   110 dm
    e)   275 km
    f)   800 l

2. a)   4800 m sind 6/10 von 8000 m
    b)   2/20 von 3200 m = 160 m
    c)   Verbleiben 2880 m
    d)   3/10 von 2880 m = 864 m
             Also verbleiben: 2880 m – 864 m = **2016 m**

3.
1 Föhn	:	550 g
1 Vase	:	1750 g
4 Duschgel	:	700 g
2 Packungen Kekse	:	1650 g
--		
Gesamtgewicht	:	4650 g ≙ **4,65 kg**

4. Start um 9:30 Uhr mit 22 km/h. Bis um 9:45 Uhr hat er dann
    5,5 km gefahren. Von 9:45 Uhr bis 10:15 Uhr fährt er mit 18 km/h.
    Also schafft er in diesen 30 Minuten weitere 9 km. Insgesamt
    bisher also 14,5 km. Von 10:15 bis 11:00 Uhr radelt er mit 25 km/h.
    Also schafft er in diesen 45 Minuten weitere 18,75 km. Insgesamt
    hat er dann bis um 11:00 Uhr **33,25 km** gefahren.

5. a) 600   i) 10
    b) 85000   j) 24,25
    c) 14   k) 24
    d) 203   l) 2,5
    e) 2202   m) 27
    f) 2   n) 0,05
    g) 2880   o) 755000
    h) 168   p) 12

6. a) 2000 cm
    b) 7000 cm
    c) 44000 cm
    d) 95000 cm

7. a) 8 Liter
    b) 30 Liter
    c) 421,875 Liter
    d) 27000 Liter

8. a) >
    b) >
    c) =
    d) >
    e) <
    f) >
    g) <
    h) =
    i) <
    j) >

9. a) 205
   b) 651
   c) 101
   d) 202
   e) 377
   f) 0,18
   g) 0,16
   h) 0,14
   i) 0,2
   j) 0,11
   k) 0,13
   l) 10000

10. $(4^3 + 6^3 + 8^3) * (11 + 13 + 17 + 19)$
    = 792 * 60
    = **47520**

11. Mit dem Faktor 1 (Neutrales Element der Multiplikation).

12. Mit dem Faktor 1,2 ($\triangleq$ 20 %).

13. a) Würfel A: Volumen = 8000 cm³
        Würfel B: Volumen = 300 cm³
        Würfel C: Volumen = 336 cm³

        Gesamtvolumen   = **8636 cm³**

    b) Es könnten 8636 ml Flüssigkeit eingefüllt werden.

14.   Würfel: Oberfläche: $6 * 90$ cm² = **540 cm²**

       Quader: Oberfläche: $(2*20*15)+(2*20*10)+(2*15*10)$
                                             = 600 cm² + 400 cm² + 300 cm²
                                             = **1300 cm²**

       Würfel: Volumen: **27000 cm³**

       Quader: Volumen: $(20*15*10)$ = **3000 cm³**

       Würfel: Kantenlänge: $12 * 30$ cm = **360 cm**

       Quader: Kantenlänge: $(4*20)+(4*15)+(4*10)$
                                             = 80 + 60 + 40
                                           = **180 cm**

Buchempfehlungen:

IQ-Training für Kinder (2019) – 3. verbesserte Neuauflage
ISBN-13: 9783749422692
Aribert Böhme
Erscheinungsdatum: April 2021
Erhältlich als Buch und als eBook.

IQ-Training für Kinder 2020
ISBN-13: 9783750411272
Aribert Böhme
Erscheinungsdatum: 09.03.2020
Erhältlich als Buch und als eBook.

IQ-Training für Kinder 2021
ISBN-13: 9783752627466
Aribert Böhme
Erscheinungsdatum: 20.10.2020
Erhältlich als Buch und als eBook.

IQ-Training für Kinder 2022
ISBN-13: 9783754373446
Aribert Böhme
Erscheinungsdatum: 04.10.2021
Erhältlich als Buch und als eBook.

IQ-Training für Kinder 2023
ISBN-13: 9783756235629
Aribert Böhme
Erscheinungsdatum: 21.11.2022
Erhältlich als Buch und als eBook.

IQ-Training für Kinder 2024
ISBN-13: 9783757890698
Aribert Böhme
Erscheinungsdatum: 16.10.2023
Erhältlich als Buch und als eBook.

Das große IQ-Trainingsbuch für Kinder
ISBN-13: 9783757889326
Aribert Böhme
Erscheinungsdatum: 03.04.2024
Erhältlich als Buch und als eBook.

IQ-Training für Kinder 2025
ISBN-13: 9783758301650
Aribert Böhme
Erscheinungsdatum: 29.10.2024
Erhältlich als Buch und als eBook.

Gedankensplitter
Nachdenkliches für achtsame Menschen
ISBN-13: 9783754372609
Aribert Böhme
Erscheinungsdatum: 20.10.2021
Erhältlich als Buch und als eBook.

Kontakt zum Autor:

Psychologische Beratung, Aribert Böhme

Psychologischer Berater (SGD-Dipl.) & Lerncoach

DV-Kfm. & EDV-Dozent & Autor

Mitglied im Who-is-Who Deutschland & Europa

E-Mail: Psychologische_Beratung_Boehme@gmx.de

Internet: www.aribertboehme.de

Privatunterricht im Raum Düsseldorf – Ratingen – Meerbusch - Hilden

Zielgruppe: Schüler*innen der Klassen 1 – 8 (alle Schulformen)

Fachbereiche: Mathematik, Deutsch, Englisch, Lerntechniken

Zusatzdienste: Lernpsychologische Beratung, Gedächtnistraining

Bundesweit verfügbar auch per Online-Unterricht (SKYPE).

Detaillierte Informationen: Psychologische_Beratung_Boehme@gmx.de

Notizen